La Vie de Charles Darwin

Henry de Varigny
Francis Darwin

La Vie de Charles Darwin

Editions le Mono

Charles Darwin est l'un des plus grands penseurs qui aient vécu, un des hommes qui ont le plus profondément remué et fécondé le champ de la pensée humaine. Il n'eut jamais d'autre culte que celui de la science, il ne rechercha ni gloire, ni honneurs, content de tracer, dans une vie paisible et austère, son sillon large et profond, sans crainte, sans émoi, ne voyant, n'aimant, ne poursuivant que la vérité. Sa vie a un charme puissant, celui qui résulte de l'alliance de la grandeur de la pensée avec la simplicité du cœur, la modestie et le naturel, alliance trop rare, et que l'on prise doublement en raison de sa rareté même. À la connaître, on éprouve bientôt que l'affection, la sympathie, le disputent à l'admiration. Et ce n'est pas là le fait d'un artifice, d'une habileté du biographe, qui, dans le cas actuel, pourrait être suspect en sa qualité de fils. Ce n'est en effet qu'une autobiographie que cette vie de Darwin, une autobiographie écrite au jour le jour, composée de lettres intimes, adressées à des savants tels que Lyell, Hooker, Gray, Huxley, à des amis d'enfance, et dans lesquelles Darwin se révèle en toute simplicité, avec tout son naturel. Mais c'est aussi ce qui permet au lecteur de s'abandonner en toute confiance à son impression. Il sait que les pièces qu'il a sous les yeux sont authentiques et que l'on ne cherche point à surprendre sa religion.

La biographie que nous voulons analyser ici comprend trois éléments distincts : une autobiographie de quatre-vingts où quatre-vingt-dix pages, écrite par Charles Darwin lui-même pour ses enfants ; des souvenirs personnels, — répartis en différents chapitres, — de ceux-ci et de son fils Francis en particulier ; enfin, — et c'est la partie la plus importante, — des lettres de Charles Darwin, depuis sa dix-neuvième année jusqu'à l'époque de sa mort, et que relie un commentaire perpétuel de Francis Darwin, commentaire consistant soit en explications que les lettres ne fournissent point, soit en extraits de missives qu'il a paru inutile de citer *in extenso*.

I.

Charles Darwin est né le 12 février 1809, à Shrewsbury. Son grand-père, Érasme Darwin (né en 1731, mort en 1802), s'est fait un nom dans les sciences par sa *Zoonomie*. L'on trouve dans cet ouvrage des aperçus ingénieux, intéressants, et, chose curieuse, le germe de la théorie transformiste, qui a été l'œuvre capitale de Charles Darwin ! Le docteur Waring Robert Darwin, fils d'Érasme, père de Charles, était un homme fort distingué, sur lequel ce dernier nous a laissé des souvenirs intéressants. C'était un praticien très répandu, fort expert, — malgré l'horreur de la vue du sang, qu'il conserva toujours et transmit à son fils, — et un homme très perspicace au point de vue psychologique, que sa pénétration et son attitude générale faisaient assez redouter. Robert Waring Darwin eut six enfants, quatre filles et deux fils : les deux fils furent Érasme *junior* et Charles. Érasme, pour lequel son frère cadet a toujours conservé une vive et touchante affection, mourut en 1881, un an avant Charles ; — il était de santé très débile et vécut inoccupé. Sur l'enfance de Charles Darwin, les premières pages de l'autobiographie nous fournissent quelques données intéressantes :

Ma mère mourut en juillet 1817 ; j'avais un peu plus de huit ans, et il est étrange que je ne puisse rien me rappeler à son sujet, si ce n'est son lit de mort, sa robe de velours noir et sa table à ouvrage curieusement construite. Dans le printemps de la même année, je fus envoyé comme élève externe à une école de Shrewsbury, où je restai un an. J'ai entendu dire que j'apprenais beaucoup plus lentement que ma plus jeune sœur Catherine, et je crois qu'à divers points de vue j'étais un méchant garçon. À l'époque où j'allai à cette école, mon goût pour l'histoire naturelle, et plus spécialement pour les collections, était bien développé. J'essayais d'apprendre le nom des plantes, et je collectionnais toute sorte de choses, coquilles, sceaux, timbres, médailles, minéraux.

Cet amour de la collection, qui fait d'un homme un naturaliste systématique, à moins qu'il n'en fasse un maniaque ou un avare, était très profond en moi et incontestablement inné, aucun de mes frères ou sœurs n'ayant jamais possédé ce goût.

Un petit fait, durant cette année, s'est fortement gravé dans mon esprit. Il démontrera combien, dès mon jeune âge, j'étais intéressé par la variabilité des plantes.

Je racontai à un autre petit garçon (je crois que c'était à Leighton, qui devint dans la suite un lichénologue et un botaniste bien connu) que je pouvais produire des polyanthus et des primevères de teintes diverses en les arrosant avec certains liquides colorés. C'était naturellement une fable monstrueuse, et je n'avais jamais expérimenté la chose.

En 1818, son père lui fait suivre le cours de l'école de Shrewsbury, où il demeura sept ans.

Je n'étais pas paresseux, et sauf en ce qui concerne la versification, je travaillais consciencieusement mes classiques, sans traductions ni moyens factices. Le seul plaisir que j'aie retiré de ces études m'a été fourni par les odes d'Horace, que j'admirais beaucoup. Quand je quittai l'école, je n'étais pour mon âge ni en avance ni en retard. Je crois que mes maîtres et mon père me considéraient comme un garçon fort ordinaire, plutôt au-dessous du niveau intellectuel moyen. À ma grande mortification, mon père me dit une fois : « Vous ne vous souciez que de la chasse, des chiens, de la chasse aux rats, et vous serez une honte pour votre famille et vous-même. » Mon père, qui était le meilleur des hommes et dont la mémoire m'est si chère, était évidemment en colère et quelque peu injuste lorsqu'il prononça ces mots.

Me remémorant aussi bien que je le puis mon caractère durant ma vie d'écolier, les seules qualités pouvant être d'un bon augure pour l'avenir étaient mes goûts divers et prononcés, beaucoup de zèle pour tout ce qui m'intéressait, et un vif plaisir en comprenant un sujet où une chose complexe.

À la fin de cette époque, il s'exerçait à faire de la chimie avec son frère Érasme.

Il me permettait de l'aider comme garçon de laboratoire dans la plupart de ses expériences. Il fabriquait tous les gaz et beaucoup de corps composés, et je lus avec soin plusieurs livres de chimie, tels que le Chemical Catechism de Henry et Parkes. Le sujet m'intéressait énormément, et il nous arriva souvent de travailler jusqu'à une heure avancée de la nuit.

Ceci fut la meilleure partie de mon éducation scolaire, car cela me montra par la pratique ce que signifiaient les mots de science expérimentale. Nos études et travaux en chimie furent connus à l'école, et comme ce fait était sans précédent, je fus surnommé Gaz. Je fus réprimandé une fois en public par le premier maître de l'école, le docteur Butler, pour perdre ainsi mon temps à des sujets aussi inutiles, et il m'appela injustement un poco *curante : comme je ne comprenais pas ce qu'il voulait dire, le reproche me paraissait terrible.*

En octobre 1825, le jeune Charles Darwin, qui n'est toujours rien moins qu'un enfant prodige, est retiré de l'école, où il ne fait rien de bon, et envoyé à Édimbourg pour étudier la médecine avec son frère Érasme. Il y reste deux ans ; mais, avoue-t-il, il n'y travaille guère, s'étant aperçu à divers signes que son père lui laisserait une fortune suffisante pour vivre, sans avoir besoin de se livrer à l'exercice de la médecine. Celle-ci l'intéresse médiocrement. Il se rappelle avec un frisson rétrospectif certain cours :

Les leçons de matière médicale du docteur Duncan à huit heures du matin, l'hiver, m'ont laissé de terribles souvenirs. Le docteur X... rendait son cours sur l'anatomie humaine aussi ennuyeux que lui-même, et le sujet me dégoûtait. Cela a été un des grands malheurs de ma vie que je n'aie pas été astreint à disséquer. J'aurais vite surmonté mon dégoût, et cet exercice eût été d'une valeur inappréciable pour tout mon travail futur. Ceci a été un mal irréparable, ainsi que mon inhabileté à dessiner.

Les visites à l'hôpital l'intéressent davantage, mais sont pour lui une source d'émotions désagréables ; les opérations surtout, dont certaines lui font fuir l'amphithéâtre et lui ont laissé un souvenir des plus vifs. C'était avant la découverte du chloroforme, et la vue du sang avec les cris des patients l'impressionnèrent profondément. Cependant, durant ses vacances à Shrewsbury, il s'occupe de la médecine, visitant les malades pauvres et conférant avec son père sur le diagnostic à porter et le traitement à prescrire.

Pendant son séjour à Édimbourg, Charles Darwin donne quelque attention aux sciences naturelles et publie son premier travail, une Note (1826) sur les prétendus œufs des Flustres, dont il démontre le caractère larvaire. Il assiste aussi aux séances de la *Royal Medical Society* ;

il apprend à empailler ; il suit les excursions géologiques. Au cours de ces dernières, il entend de singulières choses, qui le frappent d'autant plus, rétrospectivement, qu'il en a pu mesurer toute l'étrangeté : « Durant ma seconde année à Édimbourg, je suivis des cours de géologie et de zoologie, mais ils étaient incroyablement ennuyeux ; le seul effet qu'ils produisirent sur moi fut que je pris la détermination de ne jamais lire un livre de géologie ou d'étudier cette science. »

Cette antipathie bien naturelle pour la géologie fait un singulier contraste avec la passion qu'il mettra à cultiver cette science quelques années plus tard, lors de son voyage autour du monde.

À cette époque, le jeune Charles Darwin est déjà un chasseur ardent, et cette passion dure plusieurs années, mais elle s'éteint graduellement durant son voyage. C'est pendant une de ses parties de chasse à Maer, chez les Wedgwood, ses parents, que se place un souvenir intéressant. Sir J. Mackintosh, qui le voyait beaucoup, dit un jour : « Il y a dans ce

jeune homme quelque chose qui m'intéresse. »
— « Cette impression, dit Darwin dans son autobiographie, doit avoir résulté surtout de l'intérêt profond avec lequel je l'ai écouté et dont il a dû s'apercevoir, car j'étais aussi ignorant qu'un porc en ce qui concernait l'histoire, la politique, la philosophie morale. S'entendre louer par un homme éminent, bien que ce puisse être une cause probable ou certaine de sentiments vaniteux, est une bonne chose pour un jeune homme : cela l'aide à marcher dans le droit chemin. »

Au bout de deux années de séjour à Édimbourg, son père juge que c'en est assez, que le jeune homme manque de dispositions pour les études médicales, et qu'il ferait bien de se diriger dans une autre voie. Cette voie est celle des ordres : Charles Darwin a été destiné à devenir *clergyman* ; l'idée ne lui déplaît pas :

Je demandai quelque temps pour réfléchir ; d'après le peu que j'avais pu penser, ou entendu dire sur la question, j'avais des scrupules à l'idée d'affirmer ma foi en tous les dogmes de l'église d'Angleterre. *Autrement la perspective de devenir un clergyman de campagne me plaisait. Je lus avec soin* On the Creeds *de Pearson, et quelques autres livres de théologie ; et comme je ne doutais pas alors de la stricte et littérale vérité de chaque mot de la Bible, je me persuadai vite que nos dogmes devaient être intégralement acceptés.*

En considérant l'ardeur avec laquelle les orthodoxes m'ont attaqué, il paraît risible que j'aie eu, à une époque, l'intention de devenir un clergyman. Cette intention et le désir de mon père ne furent jamais formellement abandonnés, mais disparurent sans qu'il en fût question autrement, lorsque, en quittant Cambridge, je rejoignis le Beagle à titre de naturaliste. Si nous devons avoir quelque foi dans le savoir des phrénologues, j'étais bien préparé pour faire un clergyman, à un point de vue du moins, d'après eux. Il y a quelques années, les secrétaires d'une société allemande de psychologie me demandèrent avec instances une de mes photographies. Quelque temps après, je reçus le compte-rendu d'une des réunions, au cours de laquelle la forme de ma tête semble avoir été le sujet d'une discussion publique, et un des orateurs déclara que j'avais la bosse de la révérence assez développée pour dix prêtres !

Aussitôt, il fut décidé que le jeune Darwin irait faire ses humanités à Cambridge, où il arriva à la fin de 1828, après avoir refait un peu connaissance avec le grec et le latin, grâce au secours d'un précepteur. Relativement à son séjour à Cambridge, ses lettres et son autobiographie nous fournissent des données fort intéressantes. Le genre de vie qu'il y mène est agréable, et ses souvenirs de Cambridge ont toujours eu pour lui le plus grand charme ; mais ce qu'il regrette de Cambridge, — dans ses lettres, cela est fort apparent, — ce n'est point l'*Alma Mater*, ce qu'il en aime, ce n'est pas le lieu de travail, ce sont les plaisirs et quelques amis. Darwin a toujours considéré comme entièrement perdu, au point de vue du travail et de la discipline mentale, le temps qu'il passa à Cambridge ; c'est un fait sur lequel il revient volontiers, disant qu'il y a perdu son temps aussi complètement qu'à Shrewsbury ou à Édimbourg. Non-seulement Darwin ne travaille guère à Cambridge, — d'où il sort pourtant avec le dixième rang en 1831, mais il y mène une vie assez dissipée, — où la chasse, les courses et les dîners fins tiennent une place considérable.

« Par suite de ma passion pour la chasse et le tir, et, quand ces exercices étaient impraticables, pour les courses à cheval à travers la campagne, je me lançai dans un monde de sport comprenant quelques jeunes gens dissipés et d'ordre inférieur. Nous dînions souvent ensemble le soir, et bien que parfois il se trouvât là des jeunes gens de caractère plus élevé, nous buvions quelquefois trop, nous chantions et nous jouions aux cartes après le repas. Je devrais être honteux de l'emploi de ces jours et de ces soirs écoulés, mais quelques-uns d'entre mes amis d'alors étaient très agréables, et nous étions tous de si joyeuse humeur que je ne puis m'empêcher de me remémorer cette époque avec un vif plaisir. »

Darwin a toutefois des goûts plus relevés, et ce genre de vie ne peut lui convenir longtemps. Ses goûts esthétiques, qui se formèrent à Cambridge, furent assez puissants, mais ils ont singulièrement diminué dans la suite de sa vie. À Cambridge, il allait souvent au musée Fitz-William admirer les œuvres d'art ; il aimait la musique, allant à la chapelle pour entendre les chants, payant les enfants de chœur pour venir chanter chez lui, recherchant les sociétés musicales et les concerts. Avec cela, une oreille étrangement dressée, incapable de percevoir une dissonance, de sentir la mesure : il ne pouvait fredonner un air correctement. Pourtant, la musique lui causait un véritable plaisir ; il parle souvent des « frissons qui lui passent dans la colonne vertébrale » quand il entend de belle musique. Il aimait aussi la poésie et la lecture variées.

Jusqu'à l'âge de trente ans ou environ, la poésie de tout genre, — les œuvres de Milton, Gray, Byron, Wordsworth, Coleridge, Shelley,

— me procurèrent un vif plaisir. Shakespeare fit mes délices, principalement ses drames historiques, lorsque j'étais écolier. J'ai dit aussi que la peinture, la musique surtout, me procuraient d'agréable sensations. Maintenant, depuis un bon nombre d'années, je ne puis supporter la lecture d'une ligne de poésie ; j'ai essayé dernièrement de lire Shakespeare, et je l'ai trouvé si ennuyeux qu'il me dégoûtait.

J'ai aussi presque perdu mon goût pour la peinture et la musique. La musique me fait, en général, penser trop fortement au sujet que je viens de travailler, au lieu de me donner du plaisir. J'ai conservé quelque goût pour les beaux paysages, mais leur vue ne me donne plus la jouissance exquise que j'éprouvais autrefois.

D'un autre côté, les romans qui sont des œuvres d'imagination, ceux même qui n'ont rien de remarquable, m'ont procuré pendant des années un prodigieux soulagement, un grand plaisir, et je bénis souvent tous les romanciers. Un grand nombre de romans m'ont été lus à haute voix, je les aime tous, même s'ils *ne sont bons qu'à demi, et surtout s'ils finissent bien. Une loi devrait les empêcher de mal finir.*

Darwin a possédé à un haut degré encore, durant sa vieillesse, l'amour de la lecture légère, des romans en particulier ; sur ce point, il nous fait une profession de foi singulière et intéressante : « Un roman, suivant mon goût, n'est une œuvre de premier ordre que s'il contient quelque personnage que l'on puisse aimer ; et si ce personnage est une jolie femme, tout est pour le mieux. » Cette manière de voir n'est cependant pas exceptionnelle, et l'on comprend qu'un cerveau dont le travail consiste à prendre corps à corps les plus hauts problèmes de la science ne voie dans les œuvres littéraires qu'un moyen de se détendre l'esprit, et accorde ses préférences à celles qui y parviennent et qui, sans prétention à une psychologie plus ou moins cherchée, n'ont d'autre but que d'amuser et de reposer la pensée fatiguée, comme, une viande légère, un estomac épuisé par une trop forte alimentation.

Parmi les livres sérieux qui ont le plus impressionné l'esprit de Darwin adolescent, nous citerons deux œuvres, de grande valeur d'ailleurs : « Durant ma dernière année à Cambridge, je lus avec attention et intérêt les récits de voyages de Humboldt. Cet ouvrage et celui de sir J. Herschel, l'*Introduction to the Study of Natural Philosophy*, m'inspirèrent un zèle ardent. Je voulais ajouter, si humble qu'elle pût être, ma pierre au noble édifice des sciences naturelles. Aucun autre livre n'exerça autant d'influence sur moi que ces deux ouvrages. Je copiai dans Humboldt de longs passages relatifs à Tenériffe, et je les lus à haute voix, pendant une des excursions mentionnées plus haut, à Henslow, Ramsay et Dawes, car j'avais, dans une excursion précédente, parlé des beautés de Ténériffe, et quelques-uns d'entre nous avaient déclaré qu'ils tâcheraient d'y aller ; mais je suppose qu'ils ne parlaient pas sérieusement. Pour moi, j'étais très sérieux, et j'obtins une introduction pour un négociant de Londres, afin de m'informer au sujet des moyens de transport. »

En dehors de ses camarades de plaisir et de chasse, il sut se lier à Cambridge avec des amis plus sérieux. Quelques-uns faisaient partie du *Club des Gourmets* (ou des *Gloutons* ?) dont Darwin était membre. Le club avait pour but de faire des recherches expérimentales sur des mets nouveaux, et l'on essayait chaque semaine de quelque animal jusque-là dédaigné par le palais humain. L'on essaya du faucon et d'autres bêtes ; mais le zèle du club mollit après l'essai d'un vieux hibou brun, « qui fut indescriptible, » dit l'un des convives. — Darwin se lia beaucoup, — plus que cela n'avait communément lieu entre élève et maître, — avec Henslow, professeur de botanique. Cette amitié eut une influence décisive sur sa vie. Henslow était un homme de savoir très étendu, ne se contentant pas de ses connaissances spéciales, mais possédant à fond beaucoup de sujets étrangers à la botanique. C'était un érudit de premier ordre, mais il n'y avait rien de pédant en lui ; son cœur et sa bonté rapprochaient ceux que son intelligence eût pu tenir à distance, et l'on sentait en lui un ami, un camarade, et non le maître.

Durant son séjour à Cambridge, Darwin ne travailla guère, a-t-il été déjà dit. Les humanités ne le séduisaient pas, les mathématiques lui répugnaient. Il n'aimait, en réalité, que la musique, la chasse et la récolte des insectes. Cette dernière occupation l'intéressait beaucoup et témoignait du vif attrait qu'avaient pour lui les sciences naturelles. Non-seulement il pratiquait l'entomologie avec un zèle infatigable, mais il inoculait encore ce goût à ses amis, les priant de chercher, durant les vacances, les insectes qui lui manquaient ; tels d'entre eux, à quarante ans de distance, se rappellent encore des noms d'espèces rares auxquelles il avait réussi à les intéresser.

L'entomologie faisait du tort au programme des études, car, dans une lettre à son ami intime et parent Fox, il écrit en 1829 : « Graham a souri et m'a salué si poliment, quand il m'a dit qu'il avait été désigné pour faire partie des six examinateurs, et qu'ils étaient décidés tous à rendre l'examen tout différent de ce qu'il a été jusqu'ici, que je conclus de ceci que ce sera le diable à passer pour les paresseux et les entomologistes. »

Cela ne l'empêcha cependant pas de passer son examen, et les vacances furent joyeusement consacrées à la pêche et aux insectes.

En 1831, Darwin quitta Cambridge, ayant son grade de maître ès arts. Après une excursion géologique qu'il fit avec Sedgwick dans la partie nord du pays de Galles, excursion qui avait pour but de le familiariser avec la géologie, à l'étude de laquelle Henslow le poussait fort, il trouva à son retour, à Shrewsbury, une lettre de Henslow contenant une intéressante proposition qui cadrait bien avec les désirs de voyage du jeune naturaliste. En avril 1831, en effet il écrivait à Fox : « J'ai en tête, — que je parle, pense ou rêve — un projet que j'ai presque amené à éclosion, qui consiste à aller aux îles Canaries. Depuis longtemps, je désire voir un paysage et la végétation des tropiques, et, selon Humboldt, Ténériffe est un fort joli échantillon. » En mai, de nouveau : « Quant à mon projet concernant les îles Canaries, il est téméraire de me questionner ; mes amis voudraient m'y voir, tant je les harcèle de mes paysages tropicaux, etc. Eyton ira l'été prochain, et j'apprends l'espagnol. »

La lettre en question informait Darwin que G. Peacock, professeur d'astronomie à Cambridge, venait d'écrire à Henslow pour le prier de lui recommander quelque jeune naturaliste qui pût accompagner une expédition hydrographique à la Terre de Feu et dans l'archipel Indien pour faire des études d'histoire naturelle, et Henslow avait pensé à Darwin.

Peacock m'a demandé, — il lira cette lettre et vous l'enverra de Londres, — de lui recommander un naturaliste qui accompagnerait le capitaine Fitz-Roy, chargé par le gouvernement de reconnaître les côtes sud de l'Amérique. J'ai déclaré que je vous considérais comme la personne la plus capable de mener à bien cette tâche.

Ce n'est pas que je vous considère comme un naturaliste 'achevé', mais je sais que vous pouvez collectionner, observer et noter ce qui est digne d'être enregistré en histoire naturelle.

Henslow répondit à Peacock que Darwin pourrait lui convenir, et Peacock écrivit bientôt à ce dernier, lui donnant les détails de l'affaire. Darwin en référa à son ami Henslow, à son-père et à son oncle Josiah Wedgwood. Henslow l'engageait vivement à accepter. Lui-même sentait combien l'offre était avantageuse, mais le docteur Darwin y était opposé pour différentes raisons : il considérait que ce voyage enlèverait à son fils le goût des habitudes sédentaires et interromprait bien inutilement sa préparation aux ordres.

Le jeune homme consulta son oncle Wedgwood. Il lui adressa la liste des objections formulées par son père, en lui demandant son avis sur la matière. Le docteur Darwin avait grande confiance dans le jugement de celui-ci, et s'en rapportait volontiers à ce qu'il disait. La lettre de Josiah Wedgwood fut très favorable au projet. Le docteur Darwin se rendit aux raisons qui lui étaient données et accorda son consentement. Pour le décider, son fils lui disait, faisant allusion à ses dépenses un peu exagérées à Cambridge, « qu'il lui faudrait être diablement habile pour dépenser plus que sa pension à bord du *Beagle* » À quoi le père riposta, avec un sourire d'homme qui sait ce qu'il dit : « Mais l'on m'assure que vous êtes très habile sous ce rapport. » Fort du consentement paternel, le jeune Darwin écrivit à Henslow pour lui annoncer sa décision, et se rendit à Cambridge pour savoir si la place était encore libre, prendre ses arrangements pour le voyage et élucider un certain nombre de points importants. Il fit la connaissance de Fitz-Roy, le commandant de l'expédition, homme très jeune encore, — il n'avait que vingt-quatre ans ! — mais fort entreprenant et intelligent, et pour lequel il se prit d'une vive affection.

Il alla aussi voir le *Beagle*. C'était un fort petit vaisseau de 242 tonnes, équipé en barque, portant six canons ; on le classait dans la catégorie dite des *cercueils*, à cause de la fâcheuse tendance de cette sorte de navires à couler par le gros temps. L'espace y était restreint et mesuré avec une parcimonie extrême. L'équipement en était excellent et l'équipage choisi avec grand soin ; plusieurs des officiers arrivèrent par la suite à des positions éminentes. La mission du *Beagle* consistait à relever les côtes de Patagonie et de la Terre de Feu, du Chili, du Pérou et de quelques îles du Pacifique, et à faire une série d'observations chronométriques en vue de déterminer la longitude de divers points du globe.

Fixé primitivement pour la fin de septembre 1831, le départ du *Beagle* ne s'effectua qu'en décembre. La période d'hésitations, d'attente, de préparatifs, fatigua fort le jeune naturaliste : « Ces deux mois passés à Plymouth ont été les plus malheureux que j'aie vécus, bien que mes occupations y fussent très variées. J'étais attristé par la pensée de quitter toute ma famille et mes amis pendant une aussi longue période, et le temps me paraissait inexprimablement lugubre. Je souffrais aussi de palpitations et de douleurs au cœur ; et n'ayant acquis qu'un faible savoir médical, j'étais convaincu, comme tous les ignorants, que j'avais une maladie de cœur. Je ne voulus pas consulter le docteur, craignant d'entendre un verdict qui m'empêcherait de partir, et j'étais décidé à partir à tout hasard. »

Ce voyage fut certainement pénible pour le jeune homme ; il souffrit du mal de mer à l'excès, et l'on a souvent attribué la mauvaise santé de Darwin aux épreuves que ce mal fit subir à son organisme. Les amiraux Mellersh et Sulivan, qui furent les compagnons de Darwin sur le *Beagle*, où ils servaient en qualité d'officiers, ont donné le récit des souffrances du malheureux naturaliste. Son travail était constamment interrompu, et son énergie ne pouvait le soutenir toujours ; il s'étendait dans son hamac et travaillait alternativement. Il était installé fort à l'étroit d'après Sulivan :

L'espace étroit au bout de la table aux cartes était le seul endroit où il pût travailler, s'habiller et dormir. Le hamac restait suspendu au-dessus de sa tête dans la journée, et lorsque la mer était mauvaise et qu'il ne pouvait plus rester assis devant la table, il s'étendait dedans avec un livre.

Le seul endroit où il pût enfermer ses vêtements consistait en plusieurs petits tiroirs dans le coin, allant d'un pont à un autre. Le tiroir d'en haut était tiré lorsque le hamac était suspendu, sans quoi il n'y aurait pas eu assez de longueur, et les crochets étaient fixés dans l'emplacement du tiroir du haut. Une petite cabine sous le gaillard d'avant était réservée à ses échantillons.

Cette installation lui suffisait cependant, et Darwin soutient même que l'exiguïté de l'espace dont il disposait lui fut très utile, en ce qu'elle lui donna des habitudes méthodiques. Sa vie s'écoulait fort paisible sur le petit vaisseau ; ses relations avec les officiers et avec Fitz-Roy étaient excellentes. Tout le monde aimait « le cher vieux philosophe, » comme l'appelaient les officiers ; l'attrapeur de mouches, » selon la désignation des matelots. Mellersh écrit : « Je revois votre père en imagination avec autant de netteté que si j'avais encore été avec lui, la semaine dernière, sur le *Beagle* ; son sourire aimable et sa conversation ne peuvent s'oublier, lorsqu'on a vu l'un et entendu l'autre. Jamais un mot n'a été prononcé contre lui, et je crois que c'est le seul dont ceci puisse être dit parmi ceux que j'ai connus, et c'est beaucoup, car les personnes enfermées ensemble pendant cinq ans, sur un vaisseau, sont exposées à s'agacer mutuellement. »

C'est à la Terre de Feu que Darwin éprouva pour la première fois la singulière et instructive sensation résultant de la contemplation de l'homme sauvage : « Aucun spectacle ne peut être plus intéressant que celui de l'homme dans son état de sauvagerie primitif. On ne peut en comprendre tout l'intérêt que lorsqu'on en a fait l'expérience. Je n'oublierai jamais les hurlements avec lesquels nous reçut un groupe de sauvages lorsque nous pénétrâmes dans la baie de Bon-Succès. Ils étaient assis sur une pointe de rochers, entourée d'une sombre forêt de hêtres ; ils jetaient leurs bras au-dessus de leur tête, et leurs longs cheveux pendants les faisaient ressembler à des esprits troublés d'un autre monde. »

De la Terre de Feu, le *Beagle* remonte la côte du Chili. Darwin fut fort malade vers cette époque, et passa six semaines au lit, à

Valparaiso, atteint d'une maladie dont le diagnostic demeura toujours obscur et qui l'affaiblit beaucoup. Il commençait cependant à souhaiter le retour.

J'aimerais à savoir dans quel état vous êtes, moralement et physiquement, écrit-il à son ami Fox. Quien sabe ? comme on dit ici (et Dieu sait qu'ils peuvent le dire, car ils sont suffisamment ignorants !) ; peut-être êtes-vous marié, et soignez-vous, ainsi que le dit Mlle Austen, de petites branches d'olivier, petits gages d'une mutuelle affection !

Eh ! eh ! ceci me remémore certaines visions d'avenir où je voyais du repos, des cottages verdoyants et des jupons blancs. Qu'adviendra-t-il de moi après ceci ? Je l'ignore. Je me sens comme un homme ruiné qui ne sait ni ne se soucie de savoir comment il arrivera à se dégager.

Le retour s'effectua par Sainte-Hélène, à la fin de 1836, après une absence de cinq ans.

L'importance de ce voyage a été capitale pour la destinée de Darwin, et c'est à juste raison qu'il considérait la date du départ comme une nouvelle naissance. Les résultats de cette longue absence ne sont pas seulement ceux qu'il a consignés dans l'intéressant *Voyage d'un naturaliste*, — résumé de ses notes et de ses lettres, et dont divers fragments ont été expédiés comme lettres à sa famille, — et dans les mémoires présentés par lui, à son retour, aux sociétés savantes. Ils sont principalement dans l'expérience qu'il acquit dans l'étude des sciences naturelles, dans les observations de toute sorte qu'il put faire, et dans les réflexions que les faits firent surgir en son esprit. Ce voyage a été pour Darwin l'initiation véritable à l'observation, à la méthode, à la science, et il paraît certain qu'il a été pour le développement de son esprit, de ses idées, l'événement capital de son existence.

Au retour du voyage, il n'est plus question pour Darwin de devenir un *clergyman*. Il s'occupe de mettre ses collections et documents en ordre pour en tirer parti. L'idée de l'église est entièrement abandonnée, sans qu'il en ait été même parlé. Au cours même de son voyage, Darwin avait bien senti que sa vie avait changé, et que ses plans originels devaient se modifier ; mais il ne voyait guère en quel sens. À son retour, nulle hésitation : il sait ses caisses et ses cahiers de notes pleins d'échantillons à décrire, de faits à expliquer, et il se met au travail. « Je n'ai rien à désirer, si ce n'est une meilleure santé, afin de continuer les occupations auxquelles j'ai joyeusement décidé de consacrer ma vie. » — « Mon père espère à peine que l'état de ma santé puisse s'améliorer avant quelques années. La déception est amère pour moi, lorsque j'arrive à la conclusion que « la course est gagnée par le plus fort, » et que je ne ferai pas grand-chose de plus que de me contenter d'admirer les enjambées que font les autres dans le domaine de la science. » C'est ce fâcheux état qui l'obligea plus tard à renoncer à la vie de Londres. Mais n'anticipons pas. À son retour, après quelque temps passé à Shrewsbury auprès de sa famille, il s'établit à Cambridge, puis à Londres, pour étudier ses collections, ses notes, et en tirer différents travaux. Son embarras est d'abord grand ; il sent qu'il ne pourra suffire à tout : géologie, botanique et zoologie. À qui s'adresser pour se charger de certaines parties de ses collections, et pour que son travail ne soit pas perdu ? Au début, l'on ne fait guère bon accueil au jeune naturaliste : chacun a trop à faire pour s'occuper de ses collections, si péniblement réunies. Les choses finissent cependant par s'arranger : les matériaux recueillis par Darwin ne seront point perdus, grâce à quelques collaborateurs de bonne volonté pour divers sujets dont Darwin ne peut se charger : il se réserve d'écrire un résumé de voyage et quelques monographies. Peu de temps après, il obtient du gouvernement une subvention de 25,000 francs pour la publication des résultats scientifiques de son voyage.

Son *Voyage* l'occupe fort, mais n'avance que lentement à cause des distractions de Cambridge ; il voit beaucoup Lyell, avec qui il discute la géologie de l'Amérique. Durant l'automne de 1837, il est si fatigué qu'il lui faut s'arrêter un peu : ses palpitations de cœur le reprennent, le médecin lui prescrit un repos complet de quelques semaines. À la même époque, on lui propose les fonctions de secrétaire de la Société géologique, qui lui répugnent fort pour diverses raisons, parmi lesquelles son ignorance des langues étrangères et le temps que cela lui prendrait ; il les accepte cependant et les conserve de 1838 à 1841. Entre temps et pour se reposer, il fait quelques excursions rapides, durant lesquelles il s'occupe de géologie : la plus importante fut celle de Glen-Roy, dont il chercha à expliquer les différentes routes parallèles d'origine glaciaire, mais sans y réussir. Il se lia beaucoup avec Lyell, à cette époque, Lyell, qui, avec ses *Principles of Geology*, venait de secouer de fond en comble la géologie classique d'alors, et de lui fournir de nouvelles et solides bases, et qui était plein de sympathie pour le jeune naturaliste. Dans plusieurs de ses lettres de cette époque, Darwin dit qu'il paresse beaucoup, mais d'une façon particulière : « J'ai été dernièrement fort tenté d'être paresseux, en ce qui concerne la géologie pure, par suite du nombre étonnant d'aperçus nouveaux qui se présentaient d'affilée et d'une façon serrée à mon esprit sur la classification, les affinités, les instincts des animaux...

« À propos de la question des espèces, j'ai rempli livre de notes après livre de notes, de faits qui commencent à se grouper eux-mêmes et *clairement*, selon des lois secondaires.

« Je suis charmé d'avoir la preuve de votre bonté puisque vous n'avez pas oublié mes questions sur le croisement des animaux. C'est ma marotte favorite, et je pense réellement qu'un jour il me sera possible de faire quelque chose sur ce sujet inextricable des espèces et des variétés. »

En effet, durant cette époque, — et de nombreuses allusions se rencontrent en d'autres lettres, — Darwin s'occupe beaucoup de la question des espèces ; mais nous reviendrons là-dessus plus loin.

II.

En 1840, Darwin épouse sa cousine, Emma
Wedgwood, avec laquelle sa vie s'écoulera
désormais pleine de paix et de bonheur pour
tous deux, grâce au dévouement de l'une, à la
reconnaissance de l'autre. Après son mariage,
Darwin se fixe à Londres, où il mène une vie
fort retirée, évitant les réunions mondaines et
toute perte de temps. Il travaille beaucoup, mais
sa santé est mauvaise et l'empêche d'en faire
autant qu'il le voudrait. Il s'occupe de son
volume sur les *Récifs de corail*. Son *Voyage
d'un naturaliste* est bien accueilli de ceux qui
l'ont lu, mais le nombre en est restreint. La
première édition fait, en effet, partie d'une
publication volumineuse : la *Zoologie du
voyage du Beagle*, qui ne s'adresse qu'aux
spécialistes et dont le gros public n'a cure.
C'est la deuxième édition qui seule pénètre
réellement dans l'*ingens pecus* des lecteurs. —
Vers cette époque se place la naissance de son
premier enfant, dont, en vrai naturaliste, il fait

aussitôt un sujet d'observations, et ses notes sur le développement des expressions de ce jeune être deviennent le germe de son livre sur l'*Expression des émotions*. Mais sa santé ne s'accommode pas de la vie de Londres ; sa femme, d'ailleurs, ne se plaît que médiocrement dans cette ville enfermée : tous deux songent à habiter la campagne.

En se fixant à Down, Darwin comptait bien ne pas abandonner tout à fait la vie de Londres : « J'espère, dit-il, qu'en allant à Londres une fois tous les quinze jours, ou toutes les trois semaines, j'entretiendrai mes relations scientifiques et mon zèle, et que je ne deviendrai pas tout à fait une brute de province. »

Mais, en réalité, à mesure que le temps s'écoule, les visites à Londres deviennent de plus en plus rares, en raison de sa santé principalement et de son travail.

Le choix de Down fut le résultat du désespoir plutôt que d'une préférence marquée : fatigué d'avoir longtemps cherché en vain, il prit la première maison qui lui convînt tant soit peu. Down est un village fort tranquille et retiré, sur un plateau de 300 mètres d'altitude, voisin de Londres. La maison est simple, si simple qu'il faut, dès le début, y faire des additions.

C'est à Down que s'écoulera maintenant et que s'achèvera la vie de Darwin ; il ne s'absentera que rarement, à de longs intervalles, et pour raisons de santé principalement, ou pour faire des visites à sa famille et à ses amis. La vie y est tranquille, mais sa régularité, sa méthode ont quelque chose de très attachant, et il nous sera permis de nous arrêter un peu sur ce sujet. Rappelons seulement que cette esquisse se rapporte plutôt à la vie de Darwin, parvenu à l'âge mûr et dans sa vieillesse, qu'à celle qu'il menait dans les premiers temps de son installation. Les éléments nous en sont fournis par les réminiscences de Francis Darwin, qui, dans un chapitre très intéressant, nous a donné tous ses souvenirs personnels concernant la vie quotidienne de son père.

Darwin était de haute taille, mais de carrure moyenne, un peu voûté dans sa vieillesse, à mouvements plutôt gauches. Il était maigre. Son front, fort élevé, abritait des yeux bleu gris enfoncés sous des sourcils touffus ; il portait une longue barbe, très fournie, mais devint chauve. Son visage était coloré, même lorsqu'il était le plus souffrant, et le contraste entre son état intime, réel, et son apparence extérieure, était souvent extraordinaire. Son vêtement était toujours sombre, de forme aisée ; il portait un chapeau de paille ou de feutre mou, selon la saison, et, pour sortir, il jetait sur ses épaules un manteau court, sans manches, qu'à l'intérieur il remplaçait par un plaid. Étant assez frileux, il portait sur ses chaussures d'intérieur des bottes de drap fourré ; mais souvent, au cours de son travail, on le voyait enlever ces additions au costume normal : il avait trop chaud, et cela indiquait une lutte plus vive entre l'écrivain et son sujet.

L'emploi de la journée est très méthodique à Down : Darwin se lève tôt et fait une courte promenade. Avant huit heures, il a déjeuné ; de huit heures à neuf heures et demie, il travaille ; à neuf heures et demie, il vient au salon pour le courrier qu'il lit, après quoi on lui fait une lecture à haute voix jusque vers dix heures et demie. C'est toujours une lecture de roman. De dix heures et demie à midi, il travaille encore, et c'est généralement dans sa vieillesse la fin du labeur quotidien. Il sort alors, le plus souvent avec son terrier blanc, Polly, animal fort intelligent auquel son maître est très attaché. Polly est une rusée qui sait suivre ses avantages. Lorsqu'elle a faim et que son maître vient à passer, la voilà qui se met à trembler, à geindre, à prendre une expression misérable, sachant bien que son maître ira déclarant partout qu'elle « meurt de faim, » ce qui ne peut qu'être profitable à ses intérêts à elle, Polly. Cette promenade conduit Darwin à la serre d'abord, où il va visiter les plantes en expérience, puis dans un champ qui a été spécialement arrangé en promenoir, ou encore, au dehors, dans la campagne. Le plus souvent, c'est au promenoir qu'il se rend. C'est un champ étroit, mais allongé, planté de chênes et d'autres arbres, entouré d'une haie basse, et d'où l'on découvre une jolie vue ; une allée circulaire, sablonneuse, en parcourt les bords. Autrefois, Darwin en faisait chaque soir un nombre de tours fixé d'avance ; devenu plus vieux, il en fait ce que ses forces lui permettent. Il s'arrête souvent pour observer les oiseaux et autres bêtes, et son immobilité est telle qu'il arrive à de jeunes écureuils de lui grimper sur les jambes et le dos, tandis que leur mère, dans un arbre, les rappelle avec des cris d'angoisse. S'il ne va pas au *Sand-Walk*, — c'est le nom de ce promenoir habituel, — il se promène avec les siens dans le jardin, examinant les fleurs, pour lesquelles il éprouve une admiration artistique non moins vive que son admiration de botaniste pour leur structure et leurs adaptations multiples. Étant jeune homme, il a eu la passion du cheval, et, dans son âge mûr, il l'a pratiqué sur ordonnance des médecins ; mais divers accidents l'ont dégoûté de cet exercice. Au retour de la promenade, il prend son goûter. Son alimentation est simple, et il n'est pas grand mangeur. Il ne boit que très peu de vin, et il ne lui est arrivé qu'une fois, étant étudiant à Cambridge, de boire plus qu'il n'eût dû. « Je me rappelle, dit Francis Darwin, lui avoir une fois demandé, dans mon innocence d'enfant, s'il avait jamais été pris de vin, et il me répondit très gravement qu'il éprouvait de la honte à m'avouer qu'il avait une fois, à Cambridge, bu plus que de raison. » Il a une passion pour les sucreries, passion malheureuse, car elles lui sont défendues. Il promet souvent de n'en pas prendre, mais ne considère ses serments comme valables que s'ils ont été faits à haute voix. — Après le goûter, il s'étend sur un divan du salon et lit le journal. Ses opinions politiques ne sont guère le résultat d'une profonde méditation ; il se les fait en passant, mais il lit avec soin les débats parlementaires, qu'il trouve d'ailleurs démesurément prolixes et dont il rit souvent. Après cette lecture, la seule qu'il fasse *propria persona*, car tout le reste lui est lu à haute voix, il s'occupe de sa correspondance, qu'il dicte le plus souvent. Il est très méticuleux sur ce point : il a de vifs remords quand il laisse tarder une réponse, si insignifiante que puisse être l'épître de celui qui lui a écrit. Il a pourtant reçu beaucoup de lettres irréfléchies et ridicules. Toutes ont eu leur réponse courtoise et bienveillante. Il garde toutes les lettres qu'il reçoit. Pour les réponses longues, il fait souvent un brouillon écrit sur le verso d'épreuves ou de manuscrits désormais inutiles. Il écrit avec soin, et, quand ce n'est pas lui qui tient la plume, il recommande à son secrétaire, un de ses enfants, d'écrire avec soin, surtout si c'est à un étranger que sa lettre est destinée. Toutes ses lettres sont empreintes d'une profonde courtoisie et d'une vive sympathie. — Après sa correspondance, les affaires. Il tient ses comptes très exactement et avec un soin méticuleux ; il est économe, ayant à cœur de laisser à ses enfants le plus qu'il pourra, craignant pour eux un état de santé qui les empêche de gagner leur vie. Mais il est plus généreux encore qu'économe, et, à la fin de l'année, il partage entre ses enfants le surplus de ses revenus. Sa petite économie qui frappe le plus, c'est celle du papier. Il détache les feuilles blanches des lettres, il conserve tous les placards et ses vieux manuscrits, qu'il utilise pour des notes, des brouillons.

Vers les trois heures, la correspondance étant achevée, il monté à sa chambre, s'étend sur un divan, et, tandis qu'il fume une cigarette, écoute la lecture d'un roman. Il ne fume qu'au repos ; pendant qu'il travaille, il prise, habitude qui date de Cambridge. À un moment, il avait renoncé au tabac ; mais il se sentit si « léthargique, stupide et mélancolique, » qu'il y revint au bout d'un mois. Souvent, sous un prétexte quelconque, — pour voir si le feu de son cabinet ne tombe pas, dit-il, — il sort du salon ; mais si l'on offre d'y aller voir à sa place, il se trouve qu'il va aussi et surtout chercher une prise de tabac. Ce n'est pas un grand fumeur.

La lecture l'endort parfois, ce qu'il regrette, car la lacune qui résulte de son sommeil nécessite des explications pour l'intelligence de l'intrigue. À quatre heures, il descend, et sort encore pour faire une promenade d'une demi-heure. Il rentre et travaille pendant une heure. Après quoi, nouvelle lecture à haute voix, avec une cigarette. Pendant que le reste de la famille dîne, il prend un léger repas : un œuf, une tranche de viande. Après quoi, une partie de tric-trac avec sa femme et une lecture scientifique occupent une partie de la soirée. La fin de celle-ci est consacrée à un peu de musique, — il a quelques morceaux favoris, — et à une dernière séance de lecture. Il aime beaucoup les romans ; mais, comme on l'a vu, il veut qu'ils finissent bien. Un roman qui finit tragiquement lui déplaît à coup sûr. Ce qu'il aime, c'est une intrigue intéressante, avec une terminaison satisfaisante ; un roman de pure psychologie ne lui plaît guère. Ces lectures à haute voix le tiennent admirablement au coupant de la littérature légère ; mais les romans n'en constituent pas le seul fonds : on lui lit aussi des biographies, des livres de voyage ; les lectures scientifiques sont les seules qu'il fasse sans aide. Il lit difficilement les langues étrangères, l'allemand surtout, qu'il ne déchiffre qu'à coups de dictionnaire, et il maudit plaisamment la prolixité et l'obscurité des auteurs allemands, qu'il appelle les *verdammte* (les maudits, les damnés). Comme son esprit est très ouvert, il lit un peu de tout. Il dit même avoir du plaisir à lire les articles de revue qu'il ne comprend pas. Une fois qu'une question a occupé son esprit, il s'y intéresse à tout jamais et en suit les progrès à vingt ou trente ans de distance. C'est ainsi que, dans sa vieillesse, il a plaisir à causer des progrès de la géologie et de la zoologie, et particulièrement des questions qui l'ont occupé durant sa jeunesse. Enfin, vers dix heures, la journée est finie. Darwin n'a guère connu les nuits bienfaisantes qui reposent le corps et l'esprit. C'est la nuit qu'il souffrait le plus de ses maux mystérieux. Je dis mystérieux, car il est difficile de se rendre compte de leur nature. Il semble que son estomac fût très délicat, et peut-être y avait-il de la goutte dans son cas. Toujours est-il qu'il passait souvent des nuits d'insomnie qui le fatiguaient pour la journée suivante et durant lesquelles il se créait des soucis sans nombre.

La vie de Darwin s'est ainsi écoulée paisible, retirée, réglée d'avance heure par heure ; c'était la condition primordiale pour lui de la santé relative. Il s'absente peu de Down ; il ne le quitte guère que pour des cures d'hydrothérapie et des visites à des parents et à des amis, ou pour se rendre à des congrès scientifiques, les visites à Londres et les changements de régime étant trop pénibles pour sa santé. Même dans ces cas, il s'efforce de réduire l'absence à son minimum : il discute pour une journée de plus ou de moins, et dans les rares circonstances où il vient à Londres, c'est de grand matin, si bien qu'il arrive chez ses amis à l'heure où ils se lèvent à peine. Si sa santé ne l'immobilisait autant, Darwin voyagerait volontiers, et les petites excursions qu'il fait étant en bonne santé lui laissent un souvenir des plus agréables ; il aime les paysages, et toute la nature l'intéresse. Il a la manie de faire, ses paquets lui-même, et commence cette opération la veille du départ, de grand matin, accompagné de Polly, qui prend un air misérable et de circonstance.

Darwin est profondément aimé de ses enfants, et il les aime tendrement. Qu'il me soit permis de donner la fin de quelques pages émues qu'il écrivit au sujet de sa petite Anne, après la mort de celle-ci, à l'âge de dix ans :

J'avais toujours pensé que, quoi qu'il arrivât, nous aurions eu pour notre vieillesse au moins un être aimant que rien n'aurait pu changer. Ses mouvements étaient vigoureux, actifs et extrêmement gracieux. Lorsqu'elle se promenait avec moi dans le *Sand-Walk*, bien que j'allasse vite, elle marchait devant moi, pirouettant avec élégance, sa chère figure toujours illuminée des plus doux sourires. Quelquefois elle avait avec moi des attitudes charmantes, légèrement coquettes, dont le souvenir m'attendrit. Elle employait souvent un langage exagéré, et lorsque je la raillais, en exagérant encore ce qu'elle venait de dire, je vois toujours le petit geste de tête et j'entends l'exclamation : « Oh ! papa, c'est indigne à vous ! » Nous avons perdu la joie de notre foyer et la consolation de notre vieillesse. Elle doit avoir su combien nous l'aimions tendrement ; plût à Dieu qu'elle sût maintenant avec quelle tendresse et quelle profondeur nous aimions et aimerons toujours sa chère et joyeuse figure ! Que nos bénédictions l'accompagnent !

C'est un père excellent, très affectueux, très indulgent. « Je ne crois pas, dit Francis Darwin, qu'il ait jamais adressé un mot de colère à aucun de ses enfants. » Du moins, quand cela lui arrive, il a une façon de s'en excuser qui est touchante. Un de ses fils raconte qu'une fois, à propos d'une question qui préoccupait vivement l'opinion publique en Angleterre, il fit une remarque qui ne cadrait pas avec la manière de voir de son père. Celui-ci, dans un accès d'humeur, lui répliqua assez vivement. « Le lendemain matin, vers les sept heures, dit son fils, il vint dans ma chambre, s'assit sur mon lit et me dit qu'il n'avait pu dormir, en pensant qu'il avait été si fort en colère contre moi, et il me quitta après quelques paroles affectueuses. »

Les enfants, à leur tour, l'apprécient fort à tous égards, même comme camarade de jeux, et une de ses filles raconte ce qui suit : « Comme exemple de nos relations et comme preuve de la valeur que nous lui reconnaissions comme camarade de jeux, je dirai qu'un de ses fils, âgé de quatre ans, essaya de le corrompre, au moyen de l'offre de douze sous, pour le faire venir jouer avec nous à l'heure de son travail. Nous savions tous combien cette heure était chose sacrée, mais résister à douze sous nous paraissait chose impossible ! » Les enfants envahissaient souvent son cabinet de travail pour chercher de la ficelle, des ciseaux, un couteau, un marteau ; quand cela s'était produit plusieurs fois, il leur disait d'un air résigné : « Ne croyez-vous pas que vous pourriez vous abstenir de revenir ? J'ai été dérangé bien souvent. » Jamais un mot d'impatience ni de colère ; il était toujours bon et affectueux, plein de sympathie pour les occupations de ses enfants, que ce fussent leurs jeux ou leurs travaux. Avec ses invités, sa manière est charmante ; il a une façon de s'en occuper, de causer avec chacun d'eux tour à tour, qui leur rend le séjour à Down particulièrement agréable ; aucune morgue, aucune prétention ; bien au contraire, il semble toujours se considérer comme peu de chose auprès de son interlocuteur. Sa conversation est assez décousue. Sur ses phrases se pressent des incidentes, des parenthèses, si bien qu'à la fin il se trouve parfois fort loin de son point de départ, ou encore il passe de déduction en déduction, de telle sorte qu'à la dernière conclusion l'interlocuteur a entièrement oublié les prémisses. Il bégaie un peu quand sa pensée est hésitante et il s'aide de gestes. Sa parole est exagérée ; il sent vivement et sa parole s'en ressent. Même dans les descriptions, sa phrasé l'emporte ; c'est ainsi que, dans l'Origine *des Espèces*, il parle d'une larve de cirripède : « Avec six paires de nageoires admirablement constituées, une paire d'yeux composés magnifiques et des antennes extrêmement complexes. » — « Nous avons beaucoup ri avec lui, dit son fils, de cette phrase, que nous comparions à un boniment. » Cette tendance à s'abandonner à la forme enthousiaste de sa pensée, sans crainte du ridicule, apparaît dans tous ses écrits.

Il connaît cette tendance qu'a sa parole à l'emporter au-delà de la limite juste, et craint même d'avoir à gronder un domestique. Et, de fait, il est si rare que pareille occurrence se présente, que son fils ne se rappelle qu'un seul exemple : il lui souvient d'avoir escaladé les escaliers par pure terreur, un jour que les circonstances exigèrent une exécution domestique, tant la chose lui parut surprenante. En société, son attitude est animée et gaie. Il aime à plaisanter, à taquiner parfois ; son rire est sonore et libre. Il apprécie beaucoup l'esprit des autres et l'*humour*. Huxley, — l'un des grands savants et des meilleurs écrivains anglais, en même temps qu'un homme d'un esprit très vif, — a pour lui un grand charme, et sa conversation est un régal qu'il apprécie toujours fort. Avec Lyell et Hooker, la conversation est plutôt une controverse scientifique. Malgré sa santé précaire, Darwin s'occupe beaucoup des affaires de son village ; il participe à diverses institutions philanthropiques, auxquelles il prend une grande part avec son ami le *clergyman* de Down.

Sa manière de travailler peut intéresser le lecteur ; aussi en dirons-nous quelques mots. Tout d'abord, il ne perd jamais une minute et s'occupe toujours ; il a appris la valeur du temps sur le *Beagle*, où son travail devait nécessairement être rapide, et il lui répugne de le laisser s'écouler sans en profiter. Il est maladroit de ses mouvements et admire fort les anatomistes habiles ; quand il a réussi à achever quelque dissection délicate, il en reste « muet d'admiration. » Dans sa jeunesse, il n'emploie que le microscope simple, que préconisait tant Robert Brown, et cet instrument lui a permis de voir beaucoup de choses qu'un naturaliste moderne ne croirait pouvoir apercevoir qu'avec des outils très perfectionnés. Il aime les méthodes et les instruments simples, et n'a pas besoin de l'outillage compliqué qui tend à envahir les laboratoires de nos jours. Il improvise des appareils de toute sorte, ou en fait faire de grossières épreuves par le charpentier ou le serrurier du village. Sa table à dissection est une planche épaisse, et ses outils sont tout ce qu'il y a de plus élémentaire. Il travaille avec une ardeur contenue, d'une façon très méticuleuse, de manière à n'avoir pas à revenir sur ses pas. Il tient note de chaque expérience, quel qu'en soit le résultat. Il distingue les différentes catégories d'objets au moyen de fils de couleur, et sur chaque pot de graines en germination une étiquette en zinc indique la nature de l'expérience. Il a une tendance prononcée à personnifier les objets de son expérience : il en parle comme s'ils avaient leur volonté, leur idée, et semble les soupçonner de vouloir sans cesse lui jouer des tours. « Je crois, dit son fils, à propos de ses expériences sur la germination, qu'il personnifiait chaque graine sous la forme d'un petit démon qui cherchait à le tromper en sautant dans le tas, ou en se sauvant tout à fait. »

Il a une foi implicite dans ses outils, et reste saisi d'étonnement en découvrant que ses deux micromètres diffèrent sensiblement. Sa balance est un vieil appareil qui date de son séjour à Édimbourg ; son verre gradué est un verre d'apothicaire. Les expériences les plus invraisemblables, en apparence les plus absurdes, ne le rebutent jamais. Il fait une foule d'expériences d'imbécile, — c'est son expression, — et pense qu'il ne faut jamais repousser les idées les plus étranges. Avec cela, une persévérance rare, une obstination véritable, dont il s'excuse parfois. Dès qu'une idée d'expérience s'est présentée à son esprit, il faut qu'il la réalise, et l'expérimentation est son grand plaisir ; c'est une distraction quand il a trop écrit. Ses livres sont des instruments de travail, rien de plus. Le sens du bibliophile lui est étranger. Il coupe les ouvrages volumineux pour les rendre plus portatifs et commodes à la main. Il déchire dans les brochures et collections tout ce qui ne l'intéresse pas. À mesure que les livres arrivent, il les lit ou les parcourt, selon leur valeur probable ; il en fait à mesure des notes, des résumés, à la fin, en guise de tables des matières, à son usage personnel ; et les notes et brochures sont ensuite classées dans des cartons, sous des rubriques différentes. Aussi, avec ses livres déchirés, sa bibliothèque présente-t-elle un aspect étrange, peu élégant au sens du bibliophile. Sa façon d'écrire est simple : il consulte d'abord l'ensemble des notes du portefeuille se référant au sujet qui l'occupe, et fait une esquisse générale sur le verso de placards d'imprimerie ou de manuscrits. Ceci est recopié par le maître d'école de Down, le copiste attitré de Darwin. Cette copie est revue, corrigée et envoyée à l'imprimerie. Avec les placards commence le travail le plus désagréable à Darwin ; il revoit le style, — ce qui lui déplaît le plus, — il ajoute, il retranche, il allonge, il condense, il remanie, en deux fois, au crayon, puis à la plume. Enfin, il soumet le tout à différents membres de sa famille, quêtant les conseils, les critiques. C'est Mme Darwin qui a revu les épreuves de *l'Origine des Espèces*, et c'est une de ses filles qui revoit la plupart de ses autres œuvres.

Il écrit avec difficulté, d'une façon parfois obscure, ce qui nécessite beaucoup de modifications. Souvent il s'arrête au milieu d'une phrase dont il ne peut sortir, et se dit : « Maintenant, que voulez-vous dire ? » et il formule sa réponse à haute voix. La partie littéraire de son travail est celle qui lui est le plus pénible et la plus difficile. « Il me semble que mon esprit est la proie d'une sorte de fatalité qui me fait établir en premier lieu mon exposé ou ma proposition sous une forme défectueuse ou maladroite. Au début, j'avais l'habitude de réfléchir à mes phrases avant de les écrire ; depuis plusieurs années, j'ai constaté que je gagnais du temps à griffonner des pages entières, aussi vite que possible, abrégeant les mots de moitié, et à les corriger ensuite à loisir. Les phrases ainsi griffonnées sont souvent meilleures que celles que j'aurais pu écrire avec réflexion. » Quelques dessins qui accompagnent ses œuvres sont généralement faits par ses enfants, et il a pour ces figures une admiration sans limites, se sentant incapable d'en faire autant. Dans ses dernières années, il n'écrit plus, il dicte, et c'est une chose singulière que sa façon d'aller jusqu'à la limite extrême de ses forces ; il s'arrête tout à coup, disant : « Je n'en puis plus, il faut que je m'arrête. »

Sa façon de juger les travaux des autres est toujours très bienveillante, même dans le cas assez fréquent où ceux-ci n'ont qu'une médiocre valeur. Sa modestie est bien connue ; il n'a jamais été de ces affamés de gloire qui cherchent à se la procurer par tous les moyens faciles : la réclame, si chère à quelques littérateurs et à quelques savants, lui fait horreur. Il a certainement le désir de faire œuvre qui dure, il a l'ambition naturelle à un esprit sain, mais rien de plus. « Je suis sûr, dit-il, de ne m'être jamais détourné d'un pouce de ma voie pour conquérir la renommée. » L'on comprend qu'avec une pareille façon de penser, il n'attache que peu d'importance aux discussions de priorité, et il le montre bien, comme nous le verrons plus loin, à propos de sa théorie de l'origine des espèces, quand Wallace lui envoie son mémoire sur ce sujet. L'on comprend aussi que les controverses mondaines ne l'intéressent guère ; il ne s'est que très peu occupé des critiques qu'on lui a adressées : d'ailleurs, la plupart d'entre elles ont été trop faibles, trop peu raisonnées pour mériter cet honneur. Pour la probité scientifique de Darwin, elle est bien connue ; elle mérite de devenir proverbiale. Jamais chercheur ne fut plus consciencieux, plus exact, plus scrupuleux.

Deux petits traits insignifiants en eux-mêmes montrent bien cette préoccupation de l'exactitude. M. Brodie Innes, le clergyman de Down, raconte qu'une fois, après une réunion où les affaires de la paroisse avaient été discutées, Darwin vint lui rendre visite la nuit : « Il venait pour dire qu'en réfléchissant à la discussion, et bien que ce qu'il eût dit fût tout à fait correct, il pensait que j'aurais pu en tirer une conclusion erronée, et ne voulait pas prendre son sommeil avant de s'en être expliqué. Je suis convaincu, ajoute M. Brodie Innes, que si, un jour quelconque, un fait s'était présenté à lui qui contredisait ses théories les plus chères, il aurait enregistré le fait pour le publier avant de se coucher. »

L'autre fait est rapporté par M. Romanes, un de ses disciples chéris. Darwin et Romanes avaient causé ensemble le soir, et, au cours de la conversation, Darwin avait incidemment dit que le plus émouvant spectacle qu'il eût rencontré était le paysage du haut de la Cordillère. Il alla se coucher, tandis que Romanes resta au fumoir à causer avec l'un des fils de Darwin, quand, vers une heure du matin, la porte s'ouvrit et Darwin parut. Il s'était relevé uniquement pour venir dire que sa mémoire l'avait trompé ; il aurait dû parler d'une montagne du Brésil et non de la Cordillère ; après quoi, il se retira. Comme le dit M. Romanes, c'est là un trait caractéristique et qui indique bien l'extrême précision du grand naturaliste. Pour conclure, il nous sera sans doute permis de faire une citation de Francis Darwin, qui montre bien sous quel jour il faut envisager la vie de Darwin :

'À l'exception de ma mère, nul ne peut connaître l'intensité exacte de ses souffrances ni le degré de sa patience prodigieuse. Elle le préservait de tout ennui susceptible d'être détourné, et n'omettait rien de ce qui pouvait lui épargner une peine quelconque, ou l'empêcher d'être fatigué. Elle tâchait d'alléger pour lui les nombreux inconvénients que sa maladie faisait naître.

J'hésite à parler librement d'une chose aussi sacrée que le dévoûment de toute une vie, qui sut inspirer ces soins tendres et constants. Un des principaux traits de la vie de mon père, je le répète, est que, pendant quarante ans, il n'eut jamais un seul jour de bonne santé comme les autres hommes : sa vie fut un long combat contre la fatigue et l'effort de la maladie. Et ceci, je n'ai pu le dire sans parler aussi de la condition unique qui l'a rendu capable de supporter jusqu'à la fin cette lutte et de combattre jusqu'au bout.'

Comme il est toujours intéressant de savoir ce qu'un homme éminent peut penser de lui-même, ajoutons un dernier passage de son autobiographie, passage un peu long, mais que l'on nous pardonnera de rapporter tel quel :

Je n'ai pas une grande rapidité de conception ou d'esprit, qualité si remarquable chez quelques hommes intelligents, par exemple chez Huxley. Je suis donc plutôt un critique médiocre. Dès que j'ai lu un journal ou un livre, l'écrit excite mon admiration ; ce n'est qu'après une réflexion prolongée que j'en aperçois les points faibles. La faculté qui permet de suivre une longue et abstraite suite de pensées est chez moi très limitée ; je n'aurais jamais réussi en mathématiques ou en métaphysique. Ma mémoire est étendue, mais brumeuse : elle suffit pour m'avertir vaguement que j'ai lu ou observé quelque chose d'opposé ou de favorable à la conclusion que je tire. Au bout de quelques instants, je me rappelle où je dois chercher mes indications. Ma mémoire laisse tellement à désirer, dans un sens, que je n'ai jamais pu me rappeler plus de quelques jours une simple date ou une ligne de poésie.

Plusieurs de mes critiques ont dit en parlant de moi : « C'est un bon observateur, mais il n'a aucune puissance de raisonnement. » Je ne pense pas que ceci soit exact, car l'Origine des Espèces, du commencement à la fin, est un long argument qui a réussi à convaincre un assez grand nombre d'hommes très intelligents. Personne n'aurait pu l'écrire sans être doué de quelque puissance de raisonnement.

J'ai autant d'invention, de sens commun, de jugement qu'un homme de loi ou un docteur de force moyenne, à ce que je crois, mais pas davantage. D'un autre côté, je pense que je suis supérieur au commun des hommes pour remarquer des choses qui échappent aisément à l'attention et les observer avec soin. Mon ingéniosité a été aussi considérable que possible dans l'observation et l'accumulation des faits. Et, ce qui est plus important, mon amour des sciences naturelles a été constant et ardent.

Ce pur amour a été toutefois beaucoup encouragé par l'ambition d'être estimé par mes confrères naturalistes. Dès ma plus tendre enfance, j'ai eu un vif désir de comprendre et d'expliquer ce que j'avais observé, de grouper tous les faits sous quelques lois générales.

Mes habitudes sont méthodiques, ce qui a été nécessaire à la direction de mon travail. Enfin, j'ai eu beaucoup de loisir, n'ayant pas eu à gagner mon pain. Bien que la maladie ait annihilé plusieurs années de ma vie, elle m'a préservé des distractions et des amusements de la société.

Mon succès comme homme de science, à quelque degré qu'il se soit élevé, a donc été déterminé, autant que je puis en juger, par des qualités et conditions mentales complexes et diverses. Parmi celles-ci, les plus importantes ont été : l'amour de la science, une patience sans limites pour réfléchir sur un sujet quelconque, l'ingéniosité à réunir les faits et à les observer, une moyenne d'invention aussi bien que de sens commun. Avec les capacités modérées que je possède, il est vraiment surprenant que j'aie pu influencer à un degré considérable l'opinion des savants sur quelques points importants.

Installé à Down, Darwin y travaille avec plus d'ardeur que jamais. Il n'est guère connu du public encore ; en dehors de certains savants qui l'apprécient fort, comme Lyell, nul ne s'occupe de lui. Son volume sur les récifs de corail voit le jour en 1842, et un autre travail sur les îles volcaniques en 1844. Le volume sur les récifs de corail présente un grand intérêt. Cette œuvre a conquis pour Darwin une place éminente dans l'histoire de la géologie ; les conclusions en ont été amplement confirmées, et sa théorie est acceptée des géologues en général. De 1842 à 1854, Darwin publie divers travaux. Malgré sa mauvaise santé pendant ces douze années, il ne passe que quinze mois hors de Down, dont près de cinq mois à Malvern, à différentes reprises, pour son hydrothérapie. Ses autres excursions sont motivées par des visites à la famille et des congrès de sociétés savantes. Parmi ses œuvres de cette époque, il y a divers travaux zoologiques et géologiques entre lesquels il convient de signaler un travail géologique pour une publication de l'Amirauté, et l'ouvrage sur les cirripèdes vivants et fossiles. Ce travail lui a pris beaucoup de temps, huit ans, et il se demande souvent si le sujet en valait la peine. L'on apprend, par son *Journal*, combien de temps chaque partie de cet ouvrage lui a pris. Ce travail le fatigue et l'ennuie beaucoup ; il le trouve très aride, et la matière a été si mal étudiée qu'il reste beaucoup à faire pour lui. Ce n'est cependant pas du temps perdu, comme le montre Huxley dans une lettre à F. Darwin ; cela a été un exercice très utile, qui lui a donné l'habitude de l'anatomie pure, et lui a fait comprendre les difficultés de l'observation. Ce travail, qui l'oblige à des recherches bibliographiques étendues, lui suggère quelques idées qu'il développe dans sa correspondance avec Hooker et Strickland, en particulier sur la très fâcheuse habitude qu'ont les naturalistes de dernier ordre de chercher à se faire connaître par des descriptions de genres nouveaux ou par de nouvelles descriptions d'êtres déjà connus. Il est d'usage, en effet, que le zoologiste qui décrit une espèce à nouveau, ou pour la première fois, la baptise comme il lui convient, en accolant son nom à celui de l'animal. La description reposant en général sur des caractères purement extérieurs, il en résulte que les classificateurs, — les *coquillards*, selon l'expression vulgaire, qui provient de ce que ce sont les amateurs de coquilles, de mollusques qui s'adonnent le plus à cet inintelligent exercice, — multiplient les descriptions, qu'ils font courtes rapides, incomplètes, en général, pour le simple plaisir de substituer leur nom à celui de quelque autre zoologiste. Il y a un abus véritable, qui ne profite, à personne, et complique la synonymie. Darwin réagit fortement contre cette tendance, et fait remarquer qu'il est ridicule de laisser se perpétuer une coutume qui n'est justifiable que dans le cas où le travail du descripteur est approfondi et sérieux, qui n'existe ni chez les chimistes, ni chez les minéralogistes, lorsqu'il arrive à ceux-ci de découvrir des substances nouvelles, et qui ne sert qu'à favoriser une sotte vanité et l'éclosion de mauvais travaux.

Parmi les lettres de 1842 à 1854, nous ne noterons que celles qui se rapportent à une discussion entamée avec Lyell et Hooker, sur l'origine de la houille : la théorie que propose Darwin n'a pas été acceptée ; il s'y attend bien d'ailleurs, d'après l'accueil que lui font ses deux amis, et, pour s'amuser, il la soumet à deux autres naturalistes.

« À ce propos, écrit-il, comme la théorie marine de la houille vous a mis si fort en colère, j'ai eu l'idée d'en faire l'expérience sur Falconer et Bunbury, et cela les a rendus plus furieux encore. 'D'aussi infernales bêtises devraient être extirpées de votre cervelle,' m'ont-ils dit… Je sais maintenant comment il faut s'y prendre pour secouer un botaniste et le mettre en mouvement.

« Je me demande si les géologues et les zoologistes ont aussi leurs points tendres : j'aimerais à le savoir. »

Il note en passant une critique fort malveillante, dans l'*Athenœum*, de la réédition du *Voyage*, dédiée à sir Charles Lyell, mais ne s'en émeut guère : il sait que les sarcasmes et les épithètes désagréables d'un critique incompétent n'ont jamais nui à une œuvre sérieuse.

À mesure que les années se succèdent, les préoccupations domestiques augmentent. À Fosc, son ami, qui lui écrit pour annoncer la naissance de son dixième enfant, il répond en envoyant ses félicitations et ses condoléances, ajoutant que, si la chose lui arrive jamais, à lui Darwin, il sera inutile d'envoyer des félicitations : les condoléances lui suffiront. Il ajoute que, chaque fils donnant autant de peine à élever que trois filles, sa famille comprend dix-sept enfants (cinq fils et deux filles). L'éducation des premiers le préoccupe fort : il trouve l'éducation classique mal adaptée à la lutte pour, l'existence, et défectueuse au point de vue du développement de l'esprit. Mais ce qu'il craint par-dessus tout, c'est une faiblesse de constitution héréditaire, et, en mainte lettre, il revient sur ce point. Sa santé à lui est d'ailleurs fort mauvaise à cette époque, et l'oblige à aller faire une cure à Malvern. Son père meurt durant cette période, et son état ne lui permet même pas d'aller rendre à celui-ci les derniers devoirs ; c'est aussi vers cette époque que la Société royale lui décerne une médaille pour le récompenser de ses travaux.

III.

La grande œuvre de Darwin, c'est l'*Origine des Espèces*. Par son importance, et par le retentissement qu'elle a eu dans les sciences qui traitent de l'organisme vivant, et par la multiplicité de ses applications, les théories développées dans ce livre méritent que nous nous y arrêtions, non pour en exposer ou discuter les principes, qui sont bien connus, mais pour en montrer le développement et signaler l'accueil qui lui fut fait.

Cette œuvre, mûrie pendant plus de vingt ans, et qui n'aurait peut-être vu le jour qu'après une incubation plus longue encore sans un heureux accident, cette œuvre a occupé l'esprit de Darwin dès une époque lointaine, dès le milieu de la période que remplit son voyage autour du monde. L'*Origine des Espèces* procède directement du voyage, durant lequel Darwin emmagasine une foule de faits qu'il ne peut expliquer au moyen des théories courantes.

Comment les interpréter ? À son retour en Angleterre, en 1837, il voit bien que la théorie acceptée de l'immutabilité des espèces est le point délicat des doctrines zoologiques, et cela le conduit à étudier les bases sur lesquelles elle repose. Dès le mois de juillet 1837, il écrit dans son journal : « En juillet, commencé mon premier livre de notes sur la mutabilité des espèces. J'avais été très frappé, dès le mois de mars précédent, du caractère des fossiles de l'Amérique du Sud et des espèces des îles Galapagos. Ces faits, les derniers surtout, origine de toutes mes vues. » Il se mit à lire tout ce qui se rapporte de près ou de loin à la question, s'occupant beaucoup, avec raison, des variations provoquées par la domestication, et notant tous les faits connus. Il y a certainement, dans la première édition du *Voyage d'un naturaliste*, des passages indiquant que l'idée de la mutabilité des espèces obsédait déjà l'esprit de Darwin durant son voyage ; mais, ce qui est plus intéressant, c'est la comparaison des deux éditions de cette œuvre : on y trouve des différences marquées, et nombre de passages, que M. F. Darwin a su bien choisir et mettre en relief, indiquent combien cette idée s'est imposée à lui dans l'intervalle qui les sépare. C'est de 1836 à 1839, en effet, que la théorie de l'origine des espèces s'est développée et a pris corps dans la pensée de Darwin. Plus intéressant encore est l'examen du livre de notes rédigées de juillet 1837 à février 1838. La lecture en présente un puissant intérêt ; on voit, par les passages qui nous en ont été conservés, tous les progrès de la pensée de Darwin, ses doutes, ses hésitations, et aussi la conviction croissante : toute l'*Origine* est là en germe.

En 1842, puis en 1844, Darwin rassemble ces notes, ou plutôt les condense en essais demeurés inédits, dont le dernier seul, celui de 1844, existe encore. Ce travail, de 231 pages in-folio, divisé en deux parties, coïncide assez étroitement avec l'*Origine des Espèces* : la répartition seule des matières en varie sur quelques points. Craignant que sa santé ne lui permette pas d'achever l'œuvre ébauchée, Darwin nous a laissé de cette époque un document fort intéressant, une sorte de lettre-testament adressée à sa femme, et dans laquelle il la prie, au cas où il viendrait à mourir sans avoir pu achever son œuvre, de veiller à ce que son esquisse soit publiée par les soins d'une personne compétente, Lyell, Hooker, Forbes ou Henslow, par exemple, qui se chargerait, moyennant un legs spécialement affecté à cette destination, de revoir ce travail, et, au besoin, de le compléter avec des documents non encore utilisés, mais classés et réunis par Darwin. À cette époque (1844), la théorie de la variabilité des espèces est très nette dans son esprit, et il ne veut pas que son labeur demeure inutile.

« J'ai lu, écrit-il à Hooker, j'ai lu des monceaux de livres d'agriculture et d'horticulture, et je n'ai cessé de réunir des faits. Des rayons de lumière sont enfin venus, et je suis presque convaincu, contrairement à l'opinion que j'avais au début, que les espèces ne sont pas immuables (je me fais l'effet d'avouer un meurtre).

« Le ciel me préserve des sottes erreurs de Lamarck, de sa 'tendance à la progression' et des 'adaptations dues à la volonté continue des animaux ! etc.' Mais les conclusions auxquelles je suis amené ne diffèrent pas beaucoup des siennes, bien que les agents des modifications soient entièrement différents. Je pense que j'ai trouvé, — c'est ici qu'est la présomption, — la manière très simple par laquelle les espèces s'adaptent parfaitement à des fins variées. Vous allez gémir et vous vous direz intérieurement : Est-il possible-que j'aie perdu mon temps à écrire à pareil homme ? J'aurais pensé de même il y a cinq ans. »

Il reste cependant bien des points à élucider, et la correspondance échangée avec Hooker, dès cette époque, jusqu'en 1856. est particulièrement intéressante par la mention qui y est faite des observations et des expériences auxquelles se livre Darwin pour élever ou consolider les nombreux arcs-boutants de son édifice. Ici, c'est une série de lettres qui se rapportent à la distribution géographique des animaux et des plantes, et aux circonstances qui peuvent expliquer la répartition d'espèces identiques ou voisines en des régions distantes, séparées par la mer, sujet à la fois de géologie, de zoologie et de botanique, dans lequel Darwin se complaît à l'extrême ; ailleurs, il s'agit de l'explication à fournir de la diminution ou de l'extinction des espèces, etc. Toutes ces lettres, particulièrement intéressantes par la façon dont l'on voit Darwin successivement soulever les difficultés, les discuter, les expliquer, suggérer des études nouvelles, des points de vue jusque-là négligés, le naturaliste les lira avec le plus grand profit. Signalons aussi celles où il parle de ses expériences sur la résistance des œufs à l'action de l'eau salée, sur la lutte des plantes entre elles, sur le transport des graines et des œufs.

Cela dure ainsi de 1844 à 1856. En 1856, Lyell, témoin éclairé et judicieux de ses efforts, lui conseille de reprendre son esquisse de 1844, de la développer dans un grand ouvrage, avec le secours des faits nouveaux dont il dispose. Darwin, après quelques hésitations, se décide à suivre ce conseil. Ce travail devait être fort étendu : réunissant les notes de Darwin, le résultat de ses expériences et observations, des citations empruntées à une foule de travaux, l'ouvrage devait former quatre volumes de la dimension de celui que nous connaissons sous le titre d'*Origine des Espèces*, et devait renfermer tous les faits connus pour et contre la mutabilité des formes animales. L'œuvre est commencée en mai 1856, et poursuivie jusqu'en 1858, sans autres interruptions que celles que nécessite la santé de Darwin. Au début, il croit pouvoir faire bref, mais il s'aperçoit bientôt qu'il lui faudra donner de grands développements pour soumettre au lecteur l'état complet de la question. Le travail avance lentement : il y a des contretemps, parfois des erreurs qui désolent Darwin, l'obligeant à reprendre les questions qu'il croyait résolues. « Je suis, écrit-il, le chien le plus misérable, le plus embourbé, le plus stupide de toute la Grande-Bretagne, et je suis prêt de pleurer d'ennui sur mon aveuglement et ma présomption. Il y a de quoi me faire déchirer mon manuscrit et tout planter là en désespoir de cause. »

En revanche, aussi, il a des jouissances profondes, tant son travail l'intéresse, une fois les obstacles surmontés. Mais, en 1858, un incident se produit qui change ses plans. Wallace, alors dans l'archipel Malais, lui adresse un mémoire manuscrit *Sur la tendance des variétés à s'écarter indéfiniment du type originel.* Ce mémoire, — publié depuis, — contient presque toute la théorie de Darwin, moins les exemples et les applications. L'ayant lu, comme Wallace l'en prie, il écrit aussitôt à Lyell (18 juin 1858) :

Je n'ai jamais vu de coïncidence plus frappante ; si Wallace avait eu le manuscrit de mon esquisse écrite en 1842, il n'aurait pu en faire un meilleur résumé. Ses propres termes sont les titres de mes chapitres. Je vous prie de me renvoyer le manuscrit : il ne me dit pas qu'il désire le publier, mais naturellement je lui écrirai et je lui offrirai de l'envoyer à n'importe quel journal. De la sorte, toute mon originalité, quelle qu'elle puisse être, va se trouver anéantie bien que mon livre, s'il a jamais

quelque valeur, n'en doive aucunement souffrir,
car tout le travail consiste dans l'application de
la thèorie. J'espère que vous approuverez
l'esquisse de Wallace et que je pourrai lui dire
ce que vous en pensez.

Cette lettre caractérise Darwin, et la dernière
phrase est encore bien de lui : la question de
priorité lui paraît secondaire, l'essentiel est que
la théorie soit publiée. Il faut dire, du reste, que
dans cette circonstance, où tant de savants se
fussent disputés et eussent récriminé sans fin,
— nous en avons chaque jour des exemples à
propos de découvertes secondaires, — Darwin
et Wallace se sont conduits d'une façon
particulièrement noble et généreuse, comme il
convient à des esprits vraiment élevés. En fait,
tous deux étaient arrivés, d'une façon
indépendante, eux-mêmes conclusions : Darwin
avait certainement la priorité réelle, car le sujet
l'occupait depuis plus de vingt ans, mais
Wallace le plaçait dans une situation fausse par
l'envoi de ce manuscrit, dont il ne demandait
d'ailleurs pas la publication. Darwin pouvait

parfaitement publier, soit son esquisse de 1844, soit un mémoire plus étendu : il n'y songe pas ; dès le début, il pense à faire publier le mémoire de Wallace. Le cas est embarrassant, et il en écrit à Lyell une semaine après :

L'esquisse de Wallace ne contient rien qui ne soit déjà plus développé dans mon esquisse copiée en 1844, et dont Hooker a pris connaissance il y a une douzaine d'années. Il y a environ un an, j'ai envoyé à Asa Gray un résumé de mes vues dont j'ai gardé la copie (à cause de notre correspondance sur plusieurs points), de sorte qu'il m'est possible d'affirmer avec vérité et de prouver que je n'emprunte rien à Wallace.

Je serais très heureux de publier maintenant une esquisse de mes vues générales en une douzaine de pages environ, mais je me demande si je puis le faire honorablement. Wallace ne parle pas de la publication, et je vous envoie sa lettre. Comme je n'avais aucune intention de publier une esquisse ; puis-je le faire honnêtement maintenant que Wallace m'a envoyé un aperçu de sa doctrine ? Mais il m'est impossible de discerner si en publiant maintenant je n'agirais pas d'une façon vile et mesquine. Cela a été ma première impression, et je me serais certainement guidé sur elle, si je n'avais reçu votre lettre.

Lyell lui conseille de publier tout de suite. Darwin hésite, et il se fait nombre d'objections :

Wallace pourrait dire : « Tous n'aviez pas l'intention de publier un résumé de votre théorie avant le moment où vous avez reçu ma communication. Est-il honnête à vous de retirer un avantage de ce que je vous ai communiqué mes idées librement, sans que vous me les ayez, il est vrai, demandées, et de m'empêcher ainsi de vous devancer ? » L'avantage que je retirerais serait d'avoir été décidé à publier par le fait que je sais, d'une manière privée, que Wallace est dans la même voie que moi. Il me semble dur d'être obligé de perdre mon droit de priorité, qui date de plusieurs années ; mais, d'un autre côté, je ne puis croire que ceci rende ma cause plus juste. Les premières impressions sont généralement les bonnes, et, dès le début, j'ai pense qu'il serait peu honorable à moi de publier maintenant.

Après consultation avec Lyell et Hooker, il finit cependant par se décider, avec peine il est vrai, car, dit-il dans son autobiographie, « je pensais que M. Wallace pouvait trouver mon procédé injustifiable : je ne savais pas alors combien noble et généreux est son caractère. »

Suivant le conseil de ses amis, il rédige donc un résumé qui accompagne le travail de Wallace, et les deux œuvres sont présentées à la séance de la Société linnéenne, du 1er juillet 1858. Cette solution est la meilleure que l'on pût imaginer. D'une part, Darwin ne perd pas le bénéfice de son labeur acharné, dont l'antériorité est bien établie par la copie d'une lettre par lui adressée à Asa Gray en 1857, et par le résumé de 1844 que Hooker peut certifier reconnaître pour l'avoir lu à l'époque. D'autre part, le travail de Wallace est publié intégralement, et porté à la connaissance du public, bien qu'il n'en ait aucunement manifesté le désir, et Wallace ne peut considérer Darwin comme ayant déloyalement profité de la connaissance qu'a celui-ci de son manuscrit pour prendre les devants.

Le double travail des deux naturalistes est donc lu à la Société linnéenne, et l'impression produite est sérieuse.

Sir Joseph Hooker écrit : « L'intérêt provoqué fut considérable, mais le sujet était trop nouveau, de trop mauvais augure pour que la vieille école entrât dans la lice avant d'avoir revêtu son armure. Après la réunion, l'on en parla avec une émotion contenue : l'approbation de Lyell et peut-être un peu celle que je donnais en qualité de lieutenant de Lyell dans l'affaire, en imposa aux membres, qui autrement se fussent insurgés contre la doctrine. Nous avions aussi l'avantage d'être familiers avec les auteurs et avec leur théorie. »

Darwin a toujours gardé à ses amis Lyell et Hooker une profonde reconnaissance pour le conseil et l'appui qu'ils lui ont donnés en cette circonstance ; ses lettres en sont un témoignage fidèle : « Je m'étais tout à fait résigné, écrit-il à Hooker, et j'avais déjà écrit la moitié d'une lettre à Wallace, où je lui abandonnais toute priorité et je n'eusse certes pas changé d'avis sans votre extraordinaire bonté, à Lyell et à vous. »

La publication de Wallace détermine Darwin à changer ses plans. Il cesse de travailler à l'œuvre entreprise, œuvre qui devait être considérable, avons-nous dit, et se décide à faire un résumé de celle-ci mais un résumé qui, il le voit bientôt, devra former un volume de dimensions assez considérables. Ce résumé, c'est l'*Origine des Espèces*. Il y travaille avec ardeur, tenant ses amis au courant de ses progrès, trop lents à son gré, leur envoyant le manuscrit des chapitres au fur et à mesure pour les soumettre à leur appréciation, continuant aussi à noter, à observer, à expérimenter. À cette époque se rapporte une lettre qu'il adresse à Wallace, en réponse à un billet de celui-ci, et qui indique bien le caractère particulièrement droit et la courtoisie des deux-hommes : « Permettez-moi, dit-il, faisant allusion à deux lettres de Wallace, permettez-moi de vous dire combien j'admire du fond du cœur l'esprit dans lequel elles sont conçues... Je vous souhaite de tout cœur santé et entier succès dans tout ce que vous entreprendrez, et Dieu sait que, si un zèle admirable et l'énergie méritent le succès, vous le méritez amplement. Je considère ma carrière comme presque finie. Si je puis publier mon résumé (l'*Origine des Espèces*), et peut-être mon ouvrage plus étendu sur la même matière, je considèrerai ma course comme fournie. »

L'éditeur Murray, qui a entendu parler, — par Lyell, semble-t-il, — du volume que prépare Darwin, offre de le publier. Darwin accepte, à la condition que Murray parcoure d'abord le manuscrit, et ne s'engage point sans en avoir pris connaissance ; il craint que l'orthodoxie de l'éditeur n'en soit blessée. Murray parcourt quelques chapitres et maintient son offre, qui est définitivement acceptée. L'impression est commencée aussitôt. La correction des épreuves est chose terrible pour Darwin. Il trouve son style détestable, souvent obscur, et, en raison du nombre des corrections, il offre à Murray d'en prendre une partie à sa charge. Ces épreuves sont communiquées à ses amis, qui lui donnent leurs impressions. Vers la fin, Darwin se sent à tel point fatigué que force lui est de se réfugier à Ilkley, où il subit un traitement hydrothérapique, tout en achevant la correction des épreuves. Enfin, en novembre 1859, l'*Origine, des Espèces* voit le jour.

Il n'entre pas dans le cadre de cette étude d'analyser cette œuvre capitale, dont divers écrivains ont déjà, ici même, entretenu nos lecteurs, à commencer par M. Laugel. L'on se rappelle que Darwin y propose une théorie nouvelle de l'origine des espèces, contraire à celle qui était jusque-là classique, à celle des créations spécifiques, et que sa théorie repose sur la variabilité et la sélection naturelle, lesquelles suffiraient à faire dériver toutes les espèces d'un nombre très restreint de types originels, grâce à des lois générales constamment en action. Il nous sera cependant permis de nous arrêter un instant sur l'accueil qui fut fait à ce livre, qui bouleversa les esprits, non point tant par ce qu'il renfermait que par l'extension logiquement imposée aux conclusions purement zoologiques par l'esprit des lecteurs intelligents. Les 1,250 exemplaires de la première édition sont enlevés le jour de la vente, et aussitôt l'éditeur Murray travaille en hâte à en tirer 3000 exemplaires de plus. À ce point de vue, — secondaire d'ailleurs, — le succès est grand, et il indique de la part du public une ardeur considérable, ce qui ne laisse pas de surprendre Darwin. Mais ce qui intéresse plus que le succès de librairie, si significatif soit-il pour une œuvre aussi spéciale, c'est l'impression, le jugement des personnes compétentes. Darwin tient particulièrement à l'approbation de Lyell, Hooker, Gray et Huxley, qui sont à la tête des sciences naturelles. Lyell se rallie dans une grande mesure, chose fort importante pour Darwin. « D'autre part, Lyell, jusque-là le pilier des antimutabilistes (qui le considérèrent par la suite comme Pallas Athèné a pu considérer Diane après l'affaire d'Endymion), se déclara darwinien, mais non sans de sérieuses réserves, » dit Huxley dans un très intéressant chapitre par lui écrit pour l'œuvre de M. F. Darwin. Les hésitations de Lyell tiennent surtout à l'antipathie qu'il a pour un corollaire nécessaire de la théorie, l'origine simienne de l'homme. Cela ne l'empêche pas, — et c'est une preuve de grand courage et de vigueur intellectuelle de la part d'un homme qui a passé sa vie à combattre les doctrines, mal étayées, il est vrai, de Lamarck, — d'abandonner « des idées anciennes et longuement chéries, qui constituaient pour moi le charme de la partie théorique de la science, dans mes jours de jeunesse, alors qu'avec Pascal je croyais à la théorie de l'archange déchu. »

Pour Hooker, c'est un converti, — ou un « perverti, » — d'avant la lettre, et qui accepte, les théories de Darwin bien avant qu'elles ne soient portées à la connaissance du public. Il publie dans le *Gardener's Chronicle* un article fort élogieux. Gray, l'éminent botaniste américain, est plus que converti : c'est un adepte militant qui livre un combat formidable aux États-Unis en faveur de Darwin. Huxley se rallie aussi, et écrit à Darwin : « J'espère que vous ne vous laisserez pas ennuyer ou dégoûter par les injures nombreuses et les mésinterprétations qui, si je ne me trompe fort, vous attendent. Soyez bien persuadé que vous avez droit à la reconnaissance éternelle de tous ceux qui pensent. Quant aux roquets qui aboieront et grogneront, rappelez-vous que quelques-uns de vos amis, en somme, sont doués d'un degré de combativité qui, bien que vous l'ayez souvent et à juste titre blâmé, peut vous être d'un grand secours. J'aiguise bec et ongles en prévision de l'avenir... » Non coûtent de déclarer ainsi sa foi, Huxley la veut proclamer à tous, et publie dans le *Times* un article admirable, — comme la plupart des productions du maître écrivain qui double l'éminent savant, — tout en faveur de Darwin. À côté de ces convertis de la première heure, il faut ranger encore Wallace naturellement, qui s'exprime en termes chaleureux, sir John Lubbock, Watson, Ramsay, Von Baer, Bentham, M. Dareste, le marquis de Saporta. M. de Quatrefages, à l'opinion duquel Darwin attache une haute valeur ; M. Laugel, dont l'article publié ici même est cité à diverses reprises par Darwin comme étant l'un des meilleurs. Les témoignages de sympathie venant de France sont d'autant plus agréables à Darwin que l'Académie des Sciences est assez peu disposée en sa faveur. Élie de Beaumont invente, pour l'*Origine des Espèces*, le surnom de « science moussante, » qui, selon Huxley, « le condamne à une notoriété perpétuelle ; » et Flourens publie un volume destiné, dans sa pensée, à ne plus laisser debout un seul des arguments de Darwin. « Quel jargon métaphysique jeté mal à propos dans l'histoire naturelle, qui tombe dans le galimatias dès qu'elle sort des idées claires, des idées justes ! Quel langage prétentieux et vide ! Quelles personnifications puériles et surannées ! Ô lucidité ! ô solidité de l'esprit français, que devenez-vous ? » Flourens a oublié d'ajouter quelles sont, pour lui, les idées claires dont il parle. Cette critique laisse Darwin assez froid. « Cela me fait plaisir, dit-il, car cela montre que la "doctrine se propage en France : » cela lui suffit. Huxley, moins philosophe, et que, d'ailleurs, la polémique est loin d'effrayer, ajoute en guise de réflexion : « Étant privés de la bénédiction que confère la possession d'une académie, nous ne sommes pas habitués à voir traiter de la sorte nos hommes les plus éminents, même par un secrétaire perpétuel. »

S'il y a des adeptes de la première heure, il y a aussi des ennemis acharnés. Il en est qui ne comptent pas : c'est le grand nombre, et nous n'en parlerons pas. Parmi ceux qui comptent, il faut réserver le premier rang à Agassiz, le savant naturaliste américain. Sa critique est ce que doivent être les critiques de gens qui se respectent, solide dans le fond, courtoise dans la forme. Sedgwick, le célèbre géologue, est hostile aussi, mais ses arguments sérieux sont amoindris par l'adjonction de considérations étrangères au débat. Harvey, Wollaston,

Henslow, Jenyns, sont hostiles aussi, ou bien n'acceptent qu'une petite partie des conclusions de Darwin.

Parmi les critiques adverses, dénuées de valeur scientifique, il nous faut en citer deux : celles de deux dignitaires de l'église, Haughton et Wilberforce. Celle de Haughton fut brève, dédaigneuse. Wilberforce fut amusant. Non-seulement il publie, dans la *Quarterly Review*, un article virulent, rempli, d'ailleurs, d'erreurs de toute sorte : il profite encore de la réunion de l'Association britannique pour faire une attaque, demeurée mémorable, contre l'œuvre de Darwin. L'agitation du public était grande et la foule considérable pour écouter l'évêque d'Oxford. Son discours, amusant, incisif, mais vide, ne tarda pas à l'entraîner à des personnalités, et, à un moment, il demanda à Huxley si c'était par son grand-père ou sa grand'mère qu'il se rattachait au singe. À quoi Huxley répliqua qu'il n'en savait rien, mais que cette parenté n'avait rien qui le choquât ; qu'il préférait pour aïeul un singe à un homme qui se mêle de traiter les questions auxquelles il n'entend rien. Les rieurs furent du côté de Huxley, et l'évêque se retira battu. Le côté humoristique de cette critique amusa fort Darwin, qui, d'ailleurs, ne pouvait y attacher une importance quelconque. L'attitude du chanoine Kingsley est particulièrement intéressante. Il écrit à Darwin : « Depuis longtemps, par l'observation du croisement des plantes et des animaux domestiques, j'ai appris à ne plus croire au dogme de la permanence des espèces. En second lieu, j'ai appris graduellement à voir que c'est une aussi noble conception de la divinité, de croire qu'elle a créé des formes originelles susceptibles de se développer dans les formes nécessaires, selon le temps et le lieu, que de penser qu'il lui a fallu intervenir à nouveau pour combler les lacunes créées par elle. Je me demande même si la première conception n'est pas la plus élevée. » Mais c'est là une exception : le clergé est généralement opposé aux idées de Darwin. Son ami, le pasteur de Down, M. Brodie Innes, ne les accepte pas ; d'ailleurs, ils ne discutent jamais ces questions ensemble ; ils sont habitués à ne pas s'entendre, malgré leur étroite amitié. « M. Brodie Innes et moi, dit Darwin, avons été des amis intimes durant trente ans, et nous ne nous sommes jamais complètement entendus que sur un seul sujet, et, cette fois, nous nous sommes regardés fixement, pensant que l'un de nous devait être fort malade. »

Pour conclure, quelques passages de l'autobiographie, concernant l'*Origine des Espèces*, pourront intéresser le lecteur :

On a dit que le succès de l'*Origine des Espèces* prouvait « que le sujet était dans l'air, » ou « que les esprits étaient préparés. » Je ne pense pas que cette hypothèse soit strictement exacte, car j'ai sondé à l'occasion plusieurs naturalistes, et je n'en rencontrai jamais qui parussent douter de la permanence des espèces. Lyell et Hooker même, qui m'écoutaient avec intérêt, ne paraissaient nullement partager mon opinion. J'essayai une ou deux fois d'expliquer à des hommes distingués ce que j'entendais par la sélection naturelle, mais j'échouai d'une façon absolue.

Ce qui doit être strictement vrai c'est que des faits innombrables et bien observés étaient enregistrés dans l'esprit des naturalistes, faits prêts à prendre leur place respective aussitôt qu'une théorie suffisamment établie se présenterait pour les recevoir. Un autre élément de succès pour mon livre fut sa dimension modérée, et ceci est dû à l'essai de M. Wallace. Si j'avais publié mon livre tel que je l'avais commencé en 1856, l'ouvrage aurait été quatre fois plus étendu que l'*Origine*, et bien peu auraient eu la patience de le lire.

Je gagnai beaucoup à en retarder la publication de 1839, époque où ma théorie fut arrêtée dans mon esprit, à 1859, et je ne perdis rien à ce délai, car il m'importait peu que l'on attribuât plus d'originalité à Wallace qu'à moi. Il est évident que son essai aida à faire accueillir ma théorie.

IV.

Nous avons dit plus haut que les dernières épreuves de l'*Origine des Espèces* furent corrigées à Ilkley, où Darwin était allé faire une cure d'hydrothérapie. Il rentre à Down peu après, au moment où le livre est publié. En même temps qu'il correspond avec ses amis, se tenant au courant de l'accueil fait à son œuvre, il s'occupe des traductions qu'on lui propose de faire, en français et en allemand. La traduction allemande ne lui plaît qu'à moitié, Bronn, l'auteur de celle-ci, ayant pris la liberté d'omettre les passages qui ne lui conviennent pas et d'ajouter ses réflexions personnelles. Singulier traducteur !

Ces affaires secondaires expédiées, Darwin se remet à l'œuvre, pour continuer son grand travail, celui auquel il travaillait quand les circonstances l'obligèrent à écrire l'*Origine des Espèces* ; mais il le continue sous une forme modifiée : il se décide à prendre successivement divers points qu'il développe avec détails et publiera sous forme de livres isolés. Le 1er janvier 1860, il commence son travail sur les *Variations des animaux et des plantes à l'état domestique*, œuvre dans laquelle il note l'abondance des variations légères que présentent ces êtres, et montre le parti qu'en a tiré la sélection artificielle, consciente ou inconsciente, exercée par l'homme, pour la production de variétés nouvelles. Le livre ne voit le jour qu'en 1863. Entre temps, Darwin a reçu la médaille Copley, la plus haute des récompenses dont la Société royale dispose. « C'est un grand honneur, écrit-il à ce propos ; mais, à part plusieurs lettres affectueuses, ces choses m'importent peu : cela montre, toutefois, que la sélection naturelle fait quelques progrès dans ce pays, et ceci me fait plaisir. » Il est à noter que la Société royale récompensait en Darwin, non l'auteur de l'*Origine des Espèces*, mais l'écrivain des *Récifs de corail*, du *Voyage d'un naturaliste*, de l'ouvrage sur les cirripèdes, etc. Cette réserve est strictement indiquée par le discours qui accompagna la remise de la médaille, et elle indique que, si les idées de Darwin étaient acceptées d'une petite élite, elles étaient encore en suspicion auprès de la foule des savants.

C'est vers cette époque qu'il fait la connaissance de F. Müller, savant pour lequel il professe la plus haute estime ; de V. Carus, qui sera désormais son traducteur attitré pour la langue allemande ; de Preyer, le physiologiste d'Iéna, qui, dans son beau livre, l'*Ame de l'enfant*, reprend l'étude ébauchée par Darwin sur le développement psychologique du nouveau-né, et à qui il écrit : « Jusqu'à présent, je suis continuellement honni et traité avec mépris par les écrivains de mon pays, mais les jeunes naturalistes sont presque tous avec moi, et, tôt ou tard, le public devra suivre ceux qui font des études spéciales sur la matière. Le dédain et les injures des écrivains ignorants me touchent peu. » Citons aussi M. A. Gaudry, à qui il fait remarquer combien c'est chose étrange que la patrie de Lamarck, de Buffon, de Geoffroy Saint-Hilaire, soit si réfractaire à l'adoption de ses vues ; M. de Saporta, dont l'appui lui fait grand plaisir ; Haeckel, qui depuis a outré le darwinisme de la façon que l'on sait ; Cari Vogt, qui n'hésite pas à prendre un rôle militant en faveur de l'*Origine des Espèces*.

Parmi les lettres de cette époque, il en est une qui est fort intéressante : elle se rapporte à une question physiologique dont le parlement était saisi, celle des mariages entre cousins germains. Darwin arrive à la conclusion, formulée dans une lettre à sir John Lubbock, que l'on ne connaît rien de précis sur la matière, et que l'idée communément acceptée de l'influence nuisible des unions consanguines repose sur des traditions, des préjugés, et non sur des faits. La question n'est pas de celles que l'on résout aisément, car une étude spéciale amena un de ses fils, George Darwin, à conclure (en 1875) qu'en l'état actuel il est impossible de se prononcer.

En 1871 se place la publication de la *Descendance de l'homme*, où Darwin s'attache à établir l'origine de l'homme d'après les principes de l'évolution et de la sélection ;

l'accueil qui lui est fait a beaucoup perdu de cette acrimonie qui salua l'apparition de l'*Origine des Espèces*. C'est en 1871 aussi que fut publiée l'*Expression des émotions*. D'autres œuvres suivent bientôt : la *Fertilisation des orchidées*, la *Fécondation croisée et directe*, les *Plantes grimpantes*, la *Faculté du mouvement chez les plantes*, etc. En 1875 Darwin est appelé devant la commission sur la vivisection, pour donner son avis. Sur ce point, il est très catégorique. Darwin, l'homme au cœur tendre par excellence, que l'esclavage humain a douloureusement impressionné au Brésil, qui ne maltraite jamais un animal, et dont les idées zoophiles sont si bien connues dans les environs de Down que les cochers osent, à peine fouetter leurs chevaux, dans la crainte d'une verte semonce, Darwin, écrivant à Ray Lankester, dit : « Vous me demandez mon opinion sur la vivisection. Je suis tout à fait d'accord avec vous, et je la trouve justifiable quand il s'agit de recherches physiologiques véritables, mais non quand il s'agit d'une simple curiosité, à mon avis détestable et condamnable. C'est un sujet qui me rend malade d'horreur, et je n'en parlerai plus, sans quoi je ne pourrai fermer l'œil de la nuit. » sir Thomas Farrer a recueilli le même témoignage, et a dit que Darwin était fermement convaincu que l'interdiction d'expériences sur les animaux vivants arrêterait nos connaissances sur la maladie et les remèdes à lui opposer. À l'appui de ses idées, il cite les expériences et les résultats de Pasteur, de Virchow. L'opinion de Darwin est celle de la majorité des personnes compétentes, qui savent, par expérience, ce que la médecine doit à la vivisection, et reconnaissent cependant la déférence que Ton doit à ce sentiment si naturel : l'horreur de la souffrance inutile. Il est tant de souffrances et de douleurs dont le but nous échappe, que c'est un crime que d'en augmenter sans nécessité le nombre.

En 1878, l'Académie des Sciences appelle Darwin à elle, dans la section de botanique. Il y avait eu, en 1872, une tentative pour le faire élire, tentative dont M. de Quatrefages, l'honoré naturaliste, avait pris l'initiative, semble-t-il, et à laquelle M. de Lacaze-Duthiers s'était rallié, à la grande satisfaction de Darwin, qui estimait fort ses nombreux travaux ; mais cette tentative n'aboutit point. L'élection se fit en 1878 ; il eut 26 voix sur 29 (dont sept bulletins blancs) ; il écrivait à Asa Gray, élu en même temps que lui : « C'est une assez bonne plaisanterie que j'aie été nommé dans la section de botanique, étant donné que mes connaissances me permettent tout juste de savoir que la marguerite est une composée, et le pois une légumineuse. » La même année, l'académie des sciences de Berlin lui ouvrit ses portes, et, en 1879, celle de Turin lui décerna un prix de 12,OOO francs, dont il prit immédiatement une partie pour en faire don à Dohrn pour sa station zoologique de Naples, qui a tant rendu de services à la science. Les honneurs ne lui faisaient point oublier ses amis, car c'est à cette époque qu'il réussit à faire allouer à Wallace, son ami et rival, une pension gouvernementale.

Nous n'insisterons pas plus longuement sur cette dernière période de la vie de Darwin : tout son intérêt réside dans les œuvres qu'il publia, œuvres touchant surtout à la botanique, et dont nous ne pouvons entreprendre ici le résumé. Il est cependant un point qu'il nous sera permis d'effleurer en passant : c'est la question des idées religieuses du grand naturaliste. Pour la grande majorité de ceux qui en parlent sans l'avoir lu, — et le nombre en est grand, — Darwin est « un athée qui fait descendre l'homme du singe. » Athée, Darwin ne l'est pas : il n'est pas chrétien, mais il n'est pas athée. Sur ce point, son autobiographie et ses lettres sont formelles. Pendant son enfance et sa jeunesse, à l'époque du voyage, Darwin était un croyant sincère, acceptant tous les dogmes de l'église d'Angleterre, — au point même d'exciter l'hilarité de ses compagnons de voyage, qui étaient pourtant des croyants. C'est de 1836 à 1839 que Darwin a le plus réfléchi aux questions religieuses, et c'est de cette époque que date la modification de ses idées. De chrétien il devint déiste : il sentait la nécessité d'un créateur, étant donnée la création ; d'un législateur, en considérant les lois grandioses qu'il déchiffrait ; mais il ne croyait pas à une intervention occasionnelle de ce législateur, et estimait que les lois suivent toujours leurs cours, sans intervention de celui qui les a formulées dès le début. Il revient souvent sur ce point, et pense que la mort d'un être particulier n'est pas plus *nécessaire*, à un moment donné, que la variation d'un individu ou la création d'une espèce nouvelle n'est spécialement *voulue*. C'est un résultat des circonstances et non d'une volonté spéciale. « Il m'a toujours paru, dit-il, écrivant à une dame qui lui fait part de ses inquiétudes, il m'a toujours paru plus satisfaisant de considérer l'immense quantité de douleur et de souffrance qui existe dans ce monde comme le résultat inévitable de la suite naturelle des faits, c'est-à-dire des lois générales, plutôt que comme le résultat de l'intervention directe de Dieu, bien que ceci ne soit point logique, — je le sais, — quand il s'agit d'une divinité omnisciente. » Et ailleurs : « Je ne puis me persuader qu'un Dieu bienfaisante tout-puissant ait créé les ichmeumons (animaux parasitaires vivant aux dépens des chenilles qu'ils détruisent) de propos délibéré, avec la volonté expresse, qu'ils vivent dans les corps des chenilles, ni que les souris doivent servir de jouet au chat. » Et encore : « La foudre tue un homme bon ou mauvais, par suite de l'action très complexe de lois naturelles… » Darwin ne croyait donc pas à l'intervention de la divinité ; pour lui, elle a formulé des lois qui vont leur chemin, sans s'en détourner jamais, et, à ce titre, il ne peut être considéré comme chrétien. « Mais dit-il, dans mes plus extrêmes fluctuations, je n'ai jamais été un athée ; je n'ai jamais nié l'existence de Dieu. Je crois qu'en général, et surtout à mesure que je vieillis (il écrit en 1879), mais non toujours, l'agnosticisme représenterait le plus correctement l'état de mon esprit. » Écrivant à un jeune Hollandais, il disait : « L'impossibilité de concevoir que ce grand et étonnant univers avec nos moi conscients a pu naître par hasard me paraît être le principal argument pour l'existence de Dieu ; » et dans une autre lettre, il s'exprimait ainsi : « Je crois que la théorie de l'évolution est tout à fait compatible avec la croyance en Dieu ; mais il faut se rappeler que la définition de ce que l'on entend par ce nom varie selon les personnes. » Il y aurait bien des pages intéressantes à citer dans la correspondance de Darwin, se rapportant à cette grave et délicate matière, mais nous devons nous contenter de ces citations et indications sommaires. Darwin est un déiste, et non un athée, comme cela se répète couramment.

Darwin est mort le 19 avril 1882, d'une maladie de cœur. Dans le dernier mois de sa vie, il se plaignait d'une faiblesse assez grande et de troubles du côté du cœur, troubles se manifestant par des éblouissements et des vertiges. Il vit la mort venir et ne la craignit point, et expira au milieu des siens. Sur la proposition de divers membres du parlement, il fut inhumé à l'abbaye de Westminster, entouré de ses pairs et de ses disciples, sir John Lubbock, Hooker, Huxley, le duc d'Argyll, Wallace. Il repose non loin de Newton, et c'est justice qu'une sépulture royale ait été ouverte à ces rois de la pensée.

Les œuvres de Darwin ont suscité des orages formidables, et l'apaisement est encore loin de régner dans le monde des naturalistes et des philosophes. Quelle que puisse être la portée de ces œuvres, quelle qu'en doive être la fortune, il est du moins un point sur lequel tous devront être d'accord, surtout quand ils auront lu cette correspondance, c'est la bonne foi, la sincérité profonde de Darwin. Elle éclate à chaque phrase avec une candeur inaltérable. Si l'on joint à cela le charme, la cordialité, qui sont si profondément empreints dans le caractère de Darwin, l'on comprendra qu'il soit peu de lectures aussi attachantes, et que véritablement, comme nous le disions, l'affection et la sympathie le disputent à l'admiration. C'est un éloge rare, que peu parmi les grands ont su mériter.